量子混沌运动：
量子计算中的干扰及其影响

叶宾 仇亮 著

科学出版社
北京

内 容 简 介

量子计算是涉及计算机科学和物理学的交叉研究领域。本书首先介绍量子计算和量子混沌的基础知识，然后针对一些典型量子算法，分析其中存在的随机噪声、静态干扰和耗散干扰等引起的量子混沌运动，以及由此产生的对量子计算结果正确性、量子保真度和量子关联等的影响，最后对量子混沌运动的调控进行了分析和仿真。

本书内容丰富，层次分明，可供计算机科学、物理学等专业从事量子计算和量子信息研究的科研人员参考，也可作为量子混沌领域研究的入门参考书。

图书在版编目(CIP)数据

量子混沌运动：量子计算中的干扰及其影响/叶宾，仇亮著. —北京：科学出版社，2015.5

ISBN 978-7-03-044189-8

Ⅰ. ①量… Ⅱ. ①叶… ②仇… Ⅲ. ①量子论—混沌理论 Ⅳ. ①O413

中国版本图书馆 CIP 数据核字(2015) 第 089204 号

责任编辑：惠 雪 曾佳佳／责任校对：张怡君
责任印制：徐晓晨/封面设计：许 瑞

科学出版社出版
北京东黄城根北街 16 号
邮政编码：100717
http://www.sciencep.com
北京凌奇印刷有限责任公司印刷
科学出版社发行 各地新华书店经销
*
2015 年 5 月第 一 版 开本：720×1000 1/16
2021 年 2 月第四次印刷 印张：9 1/4
字数：180 000
定价：49.00 元
(如有印装质量问题，我社负责调换)

序　　言

量子计算是一种与经典计算模式完全不同的全新计算模型，它按照量子计算的基本规律实现通用计算功能，是量子力学和信息科学相结合的一个新兴交叉领域。量子计算在量子系统仿真、保密通信、机器学习和视频数据处理等方面都有着广阔的应用前景。但是到目前为止，还没有大规模量子计算系统问世，其中一个重要原因就在于量子计算系统内部以及量子计算系统和环境之间存在的各种耦合干扰作用严重阻碍了量子计算的顺利进行，这些干扰导致在量子计算系统中产生动态热化，引起量子混沌运动，造成量子态的非期望演化。

本书选取 Ising 自旋量子计算模型、Grover 量子搜索算法和周期驱动的量子 Harper 模型的量子仿真算法等为主要对象，分析了这些量子计算系统中存在的三种类型干扰 —— 随机噪声、静态干扰和耗散干扰 —— 对量子计算效果的影响，特别侧重于从量子计算系统动力学特性方面入手进行分析。

本书第 1 章简要概述了量子计算干扰及其抑制的相关研究进展。第 2 章介绍了描述量子计算的框架和数学语言，并重点介绍了量子傅里叶变换算法和 Grover 量子搜索算法。第 3 章对量子混沌及其特征进行了讨论，在此详细介绍了量子 Harper 模型、量子陀螺模型和量子面包师映射等几个常见的量子混沌模型以及对量子混沌系统进行能谱分析的随机矩阵理论。第 4 章针对封闭的理想量子计算系统中存在的随机噪声和静态干扰进行了详细讨论。第 5 章对开放量子计算系统的耗散干扰进行了讨论，并与静态干扰的影响进行了比较。作为量子计算中不可或缺的量子资源，量子纠缠和量子关联在干扰下的演化特性在第 6 章进行研究。第 7 章讨论了量子干扰的抑制问题，并以量子面包师变换为例，讨论了随机动力学解耦方法在抑制静态干扰时的作用。

我们希望本书能为高年级本科生和研究生以及对量子计算和量子信息感兴趣的研究人员提供相关内容的参考，通过本书能够了解量子计算中的干扰影响以及由此产生的量子混沌运动的基础知识和分析方法。

在本书的写作过程中，我的合著者仇亮副教授付出了很多努力，特别是在量子关联部分做了大量工作。科学出版社的各位编辑为本书的编辑出版付出了很多。此外本书的相关研究工作得到了国家自然科学基金项目 (项目批准号： 61104039,

61401465) 和江苏省基础研究计划 (项目批准号：BK20140214) 等的资助，在此一并表示诚挚的感谢。

由于作者水平有限，书中肯定存在许多不足之处，热忱欢迎广大读者批评指正。

叶　宾

2014 年 12 月于中国矿业大学

目　　录

主要符号对照表

n_q	量子比特个数
N	Hilbert 空间维数
$\vert\psi\rangle$	量子态
ρ	密度矩阵
$\hbar$	Planck 常数
$\hat{\sigma}_{x,(y,z)}$	Pauli-X, Y, Z 矩阵
w^*	w的共轭复数
U^{-1}	U的逆矩阵
H^{T}	H的转置
$H^\dagger$	H的共轭转置
DFS	无退相干子空间 (decoherence-free subspace)
QKH	周期驱动的量子 Harper 模型 (quantum kicked Harper)
RMT	随机矩阵理论 (random matrix theory)
QFT	量子傅里叶变换 (quantum Fourier transform)
GOE	高斯正交系综 (Gaussian orthogonal ensemble)
GUE	高斯酉系综 (Gaussian unitary ensemble)
L_μ	Lindblad 算符
f	保真度
t_f	可信计算时间尺度

第1章　绪　　论

现代计算机科学从 20 世纪中期发展至今，极大地促进了人类社会生产力的发展，成为推动 20 世纪社会进步的强大力量。1936 年数学家 Alan Turing 提出了图灵机的计算模型，并且在 Church-Turing 命题中阐述了在某一物理设备上可完成的算法和数学上严格的通用图灵机概念的等价性，为计算机科学理论的发展奠定了基础[1, 2]。1945 年基于 von Neumann 体系结构的电子计算机诞生。从那时起，计算机科学开始以惊人的速度成长，其硬件的飞速发展可以用 Moore 定律概括为：集成电路上可容纳的晶体管数目，约每隔 18 个月便会增加 1 倍，运算速度也将提升 1 倍。随着单位面积上容纳的晶体管越来越多，超大规模集成电路 (VLSI) 制造工艺面临着前所未有的困难。如何降低集成电路的功耗以及减少集成电路后端验证的复杂过程等一系列问题变得日益严重。当 VLSI 特征尺寸发展到可以和原子或分子尺寸相比较时，量子效应将更加明显，采用图灵机模型的电子计算机将达到其性能的极限；而突破这种极限的途径就是采用全新的计算模型 —— 基于量子力学思想的量子计算就是这类模型中的一种。

量子计算是应用量子力学原理来进行计算的信息处理模式。物理学家 Feynman 在 20 世纪 80 年代用经典计算机模拟量子力学系统时提出了量子计算和量子计算机的概念[3, 4]。Deutsch 在 1985 年将 Feynman 的这种思想又推进了一大步。他建立了通用量子计算机的概念 —— 尽管这个系统在本质上更像一个量子寄存器[5]。随后的二十几年内，人们一直试图证明量子计算机在计算速度上对于经典计算机可能有着本质的超越。1994 年 AT&T Bell 实验室的 Shor 提出大数质因子分解和求解离散对数问题可以用量子计算机有效解决[6]，这被看做是量子计算机比经典计算机更加强大的有力证据。随后在 1996 年，Grover 提出了著名的随机数据库搜索量子算法[7]。自 Shor 大数质因子分解算法和 Grover 随机数据库搜索算法提出以来，国际学界掀起了一股研究量子计算和量子信息的热潮，世界各国的大学和研究机构纷纷开展研究量子计算的工作。

美国、欧盟和日本等国家和地区已将量子计算列入国家科研计划[8, 9]。美国军方对量子计算给予了高度重视，专门制定了名为“量子信息科学和技术发展规划”的研究计划，目标是开发出具有一定规模的量子计算物理装置。欧盟委员会在其研究与技术发展第七框架计划 (the seventh framework programme) 中，为量子保密通信和量子仿真制定了详细的研究计划。美国航空航天局 (NASA) 与谷歌公司等合作成立了量子人工智能实验室，共同致力于量子计算在复杂优化问题中的应用研究。我国在国家重点基础研究发展计划 (973 计划)“十一五”发展纲要中, 已将量子通信的基础研究列为信息领域的重点研究方向之一；与量子计算和量子信息密切相关的量子调控研究则被列为《国家中长期科学和技术发展规划纲要 (2006—2020 年)》的四项重大科学研究计划之一。在这些重大科技部署的指导和资助下，国内的量子计算与量子信息研究虽然起步较晚，但是发展迅速，取得了一些令人振奋的成果。例如，中国科学技术大学量子信息重点实验室在郭光灿院士的带领下先后提出了概率量子克隆原理和量子避错编码等[10]，并且在国际上测试成功首个量子密码通信网络；潘建伟等在国际上首次取得了六光子量子纠缠态的制备与操纵，并且利用冷原子存储技术，首次实现了具有存储和读出功能的纠缠交换[11]；李传锋等实现了非此即彼框架下的爱因斯坦–波多尔斯基–罗森 (EPR) 操控的实验验证，以及实验实现了量子态可恢复的新型量子测量[12, 13]；杜江峰等使用量子计算机首次实现了手写数字的识别，展示了量子人工智能的广阔发展前景[14]，这些进展都引起了国际学术界的广泛关注。

量子计算是量子力学和信息科学相结合的新兴边缘学科，涉及数学、物理和计算机科学等众多领域。量子计算是量子力学的新进展，它是一种与经典计算方式完全不同的全新计算模型，它将使计算技术进入一个前所未有的新境界。量子计算的发展方兴未艾，随着理论与技术的成熟，量子计算将会得到更大的发展，并将对未来科技和人类社会的发展起到巨大的推动作用。

量子计算系统利用了量子物理系统之间的相干纠缠特性。但是物理系统的这种相干性极其脆弱，非常容易受到各种干扰的影响而产生退化。如何抑制量子系统的退相干，较长时间地保持量子态的相干性是量子计算技术自诞生之日起就面临的一大挑战。本书在分析量子计算系统中存在的各种干扰的原因基础上，针对不同类型的干扰建立数学模型，研究三种主要的干扰 —— 随机噪声干扰、静态干扰和耗散干扰 —— 对量子计算的影响，以及由它们导致的出现在量子计算系统内的量子混沌运动，进而提出抑制或者减小干扰影响的一些调控措施。

1.1　量子计算干扰研究现状

人们对量子计算干扰的研究是从提出一系列量子纠错理论开始的。在 Shor 提出其著名的大数质因子分解算法不久，Shor 就注意到量子计算中退相干的危害性。受经典计算理论中纠错码的启发，Shor 提出量子纠错码设计，并且应用于减小退相干对量子存储器中信息的影响[15]。Shor 还将容错计算的思想引入到量子计算中，并证明如何来执行所有的基本容错步骤 (包括状态制备、量子逻辑、纠错以及量子测量等)。Unruh 研究了二能级系统构造的存储单元与环境相互作用导致的退相干，为了保持存储单元的相干性，存储单元与环境的耦合必须非常小，并且执行量子计算的时间必须小于热库临界时间[16]。张登玉在 Rzazewski 等研究工作的基础上，使用密度矩阵描述二能级原子存储单元的自发发射，研究了自发发射对量子计算存储单元的影响[17]。Ekert 和 Macchiavello 界定了量子纠错码的实际应用，并且给出了量子纠错的一般准则[18]。随后 Bennett 和 Wootters 等分别独立证明了量子纠错条件[1, 19, 20]。稳定子体系及稳定子码的概念由 Daniel Gottesman 提出，并研究了一些特殊码的性质，还成功地把稳定子体系应用于广泛的各种各样的问题中[21]。Kitaev 采用拓扑方法辅助执行量子纠错，其基本思想是如果信息被存储于系统的拓扑中，那么信息对噪声的影响将自然地是鲁棒的[22]。在这些研究的基础上，许多研究小组证明了容错量子计算的阈值定理[23]。阈值定理表明只要量子计算中各个组成部分 (包括量子存储、状态制备、量子门操作和量子测量) 的噪声低于某个定常阈值且满足一些合理的假定，那么就有可能可靠地执行任意长时间的量子计算。对随机噪声干扰阈值的最初估计在 10^{-5} 到 10^{-4} 之间，而文献 [24] 表明在一些特殊情况下允许存在较高的阈值，例如假设量子存储等无噪声干扰存在时，解相噪声 (depolarizing noise) 的阈值可以超过 10^{-2}。Barrett 等表明拓扑容错量子计算在数据丢失和计算误差同时出现时，仍然具有较为鲁棒的良好表现[25]。

量子纠错码 (quantum error-correcting codes) 的一个基本特征是基于量子测量及状态还原等操作，可以看做是经典纠错方法在量子领域的推广。由于缺乏合理的干扰模型和合适的量子算法，量子纠错码的研究主要建立在对耗散退相干的定性认识上，研究对象主要集中在静态量子存储器的稳定性，研究目的也局限于抑制由外界环境耦合干扰带来的退相干。

另外一类克服干扰带来的不利影响的方法是量子避错码 (quantum error-avoiding codes)。段路明和郭光灿首先提出一种基于相干保持态的量子避错码，利用 Hilbert 空间中不受退相干影响的无退相干子空间 (decoherence-free subspace, DFS) 实现量子计算的酉演化。如果将量子信息编码在 DFS 中，并且控制系统演化过程使得量子态始终保持于其中，那么它就不会受到环境的影响[10, 26, 27]。此后意大利的 Zanardi 等对量子避错码的使用范围进行了推广，给出了 DFS 的严格数学定义，并且证明了关于 DFS 存在性的定理[28]。此外 Lidar 等提出基于 DFS 的容错计算思想，并设计了 DFS 和量子纠错码进行级联的方案[29]。Alber 等利用量子纠错码持续地观测系统而得到量子计算中发生错误的位置，并且利用 DFS 和量子纠错码相嵌套的纠错方法对量子存储器和 Grover 搜索算法中的退相干现象进行了仿真研究[30]。Kempe 等给出了无退相干子空间存在的充分和必要条件[31]。目前 DFS 及基于 DFS 的容错计算的研究主要集中在两个方面，首先进一步扩展 DFS 的适用范围，使之不仅适用于量子存储器的状态保持。其次，借助代数语言描述量子退相干效应，以此深入研究量子避错码的特性。在实验方面，Kwiat 等在 2000 年首先利用光子态验证了双量子比特中量子态存在无退相干子空间[32]。随后，Kielpinski 等利用囚禁离子实验证实了双量子比特的无退相干子空间[33]。

尽管量子纠错码和量子避错码方法在理论上能够很好地进行容错量子计算，但是需要较多冗余量子状态和极快速的恢复操作。而在目前的技术条件下，要求使用过多的冗余量子比特等理想条件是不现实的。动力学解耦法则为抑制干扰提供了另外一种选择。它无需量子测量和辅助量子比特，针对单个量子比特实施一系列强而快的脉冲操作，从而抵消耦合对于量子演化的影响。Viola 等首先提出使用类似于经典 “bang-bang” 控制的方法通过施加射频脉冲，使二能级量子系统状态不停地翻转，从而达到控制退相干的目的。并且证明了只要脉冲之间的间隔和环境的相关时间相当，那么理论上就有可能完全抑制由于环境作用带来的退相干[34, 35]。Facchi 等分析了动力学解耦法和量子芝诺效应 (quantum Zeno effect) 之间的关系，发现只有在控制脉冲的频率足够大时才能有效地抑制退相干；相反，如果脉冲的频率不够大，反而会加速退相干的进程[36]。

无论是量子纠错码、量子避错码或动力学解耦法等抑制干扰的措施在其设计之初，都仅仅考虑了与外界环境耦合干扰引起的耗散退相干。事实上，即使在完全封闭的量子信息处理器内部也存在另外一种类型的严重的干扰 —— 静态干扰。Georgeot 和 Shepelyansky 于 2000 年首先提出了量子存储器中量子比特的近距离相互作用的静态干扰模型。当量子比特之间的耦合强度大于某一阈值时，将导致量子计算机本征态的遍历性，产生量子混沌运动[37, 38]。静态干扰模型深入到了量子算法的内部，它的出现拓展了量子计算干扰研究的范围，并且将量子计算和量子动力学系统 (尤其是量子混沌) 的运动行为紧密联系起来。此后为了定量地研究量子计算中干扰的影响，一些表征量子动力学系统稳定性的特征量 —— 量子保真度 (quantum fidelity) 和反比参与率 (inverse participation ratio) 等 —— 被引入到量子计算研究中[39, 40]。Prosen 等对复杂量子动力学系统的保真度特性进行了广泛研究。根据量子动力学系统中干扰强度的不同，系统表现出丰富的稳定性行为，当干扰强度小于系统未扰哈密顿量 H_0 的平均能级间隔时，保真度为高斯衰减；当干扰强度可以和平均能级间隔相比较时，保真度为指数衰减；对于较强的干扰，保真度衰减速度与干扰强度无关，尽管仍旧是指数衰减，但是衰减常数由经典对应系统的 Lyapunov 指数给出[41, 42]。

Shepelyansky 研究小组先后对一些量子动力学系统的量子计算在静态干扰下的特性进行了研究，这些系统包括：周期驱动的量子转子[39, 43]、量子锯齿映射[44-46]和 Arnold-Schrödinger 猫映射 (Arnold - Schrödinger cat map)[47] 等。在这些动力学模型的量子计算中，静态干扰都表现出比随机噪声干扰更强的破坏性。通过对量子锯齿映射仿真算法中“经典噪声”和“量子噪声”的比较研究，Rossini 等发现由于量子噪声的非定域性，量子计算不具有像量子动力学系统那样丰富的保真度衰减规律[44]。Benenti 等研究了二维晶格内量子比特的干扰作用，发现量子混沌的出现导致系统占据数 (occupation number) 统计为 Fermi-Dirac 分布，因此量子混沌将导致动态热化 (dynamical thermalization)，破坏非相互作用的量子比特结构[48]。Pomeransky 等使用量子计算仿真了无规则晶格中的安德森转变 (Anderson transition) 及静态干扰对安德森转变附近系统特性的影响[49]。除了上述复杂动力学系统的量子计算外，对规则演化系统，例如 Grover 搜索算法、Shor 大数分解算法、量子小波变换等量子计算中存在的干扰也进行了深入的比较和研究[50-53]。Braun 对 Grover 算法和量子 QFT 算法的分析表明即使在这类规则系统的量子计算中，由于静态干扰作用也同样会产生混沌现象[54]。Berman 小组对伊辛量子计算机 (Ising quantum computer) 的稳定性进行了详细研究[55-57]。伊辛量子计算机由置于强梯度磁场中的一系列自旋 -1/2 粒子组成，通过磁场选择访问不同共振频率的量子比特。各种量子门通过适当选择矩形脉冲的频率、相位和长度来实现。量子计算保真度与伊辛量子计算机各种物理参数的误差之间的关系可以用随机矩阵理论等进行解释。

静态干扰的出现为量子纠错理论提出了一个新的研究课题。产生了一些新的抑制干扰的措施，其中影响比较广泛的有随机动力学解耦法 (random dynamical decoupling) 等。Kern 和 Viola 等分别独立地提出了使用随机化方法抑制量子计算中静态干扰的理论框架[58,59]。Viola 等从量子控制的角度给出了随机动力学解耦法的构建，并讨论了其在可信量子计算中的应用[59]。Santos 等以单量子比特为模型，定量地比较了确定性动力学解耦法和随机动力学解耦法以及两者结合的解耦法在提高系统稳定性上的差异[60]。紧接着 Santos 等在另外一篇文章中，进一步论证了随机动力学解耦法相对于确定性动力学解耦法的优势，并且回答了对于给定的控制资源，在什么样的情况下随机动力学解耦法能够超出目前最好的确定性解耦法这一问题[61]。Kern 等把确定性的动力学解耦脉冲嵌入到随机动力学解耦法中，克服了各自的缺点，得到了比线性衰减还要慢的保真度衰减规律[62]。郭光灿等把动力学解耦法和 DFS 相结合用于抑制量子计算中的静态干扰及耗散退相干[63]。事实上，量子计算中干扰产生的影响与量子动力学系统的稳定性有密切关系，量子计算的鲁棒性也可以从动力学系统稳定性的角度加以理解[64]。例如，确定性动力学解耦法对应于量子可积或混沌系统的保真度长时间保持在一稳定值附近的情况；而随机动力学解耦法则意味着使算法具有更多的混沌特性。

各研究小组利用量子运算 (quantum operation) 和量子噪声模型对开放量子计算系统的干扰也进行了深入的研究。Carlo 等在 2003 年论证了利用量子轨迹 (quantum trajectory) 和幅值阻尼信道噪声模型可以有效地模拟开放量子系统的信息传输[65]。随后 Carlo 等利用量子轨迹方法分析了噪声环境中的量子隐形传态和量子面包师映射仿真算法[66]。Zhirov 等利用量子轨迹方法研究了耗散退相干对 Grover 量子搜索算法精确度的影响[67]。Harrow 和 Nielsen 根据耗散干扰破坏量子比特纠缠的特性，定量地研究了量子门的鲁棒性，发现受控量子非门在双量子比特门中鲁棒性最好，并分析了量子计算的噪声阈值上限[68]。Keun 等针对双量子比特系统中的耗散退相干，利用量子运算分析了多种噪声信道下的保真度和纠缠程度[69]。Carlo 等对耗散混沌量子仿真的研究表明较强的耗散干扰使相空间中的量子波函数坍缩为一个紧密集，但是对于较弱的耗散干扰，量子动力系统的指数不稳定性引起波包的爆炸扩张[70]。

其他抑制干扰的研究还有使用超相干量子比特[71]，变化环境中大规模量子寄存器的退相干研究[72] 以及使用组合脉冲方法提高基本量子门鲁棒性的研究[73] 等。

量子纠缠是量子计算强大计算能力的来源，它在干扰下的动态特性也得到了广泛关注。通过对量子计算机中一对量子比特并协度 (concurrence) 行为的研究，Bettelli 等得出随机噪声干扰将破坏系统的纠缠特性[74]。Montangero 等研究了在静态干扰下二维量子晶格中量子比特的纠缠动态特性[75]。同时量子纠缠也可以作为表征量子系统从规则运动向混沌运动转化的另一种特征量[76]。文献 [77] 利用并协度和 Q 测量函数对一维倾斜场 Ising 模型的两体纠缠和整体纠缠进行了研究，基于量子纠缠的动力学特性讨论了系统的可积和不可积行为。

综上所述，量子计算中的各种干扰严重破坏量子计算机的可操作性，有效地抑制这些干扰的不利影响是量子计算顺利进行的重要保障。对于这些干扰，从经典计算纠错理论和量子动力学系统稳定性等观点出发，分析其对量子计算系统的影响，提出抑制干扰不利影响的措施是非常必要的。随着人们对量子计算中干扰研究的不断深入，抑制量子系统退相干的新方法将越来越多，大规模的容错量子计算系统在不久的将来一定会出现。

1.2 本书的主要研究内容

本书旨在利用随机矩阵理论、量子轨迹和数值仿真等方法对不同干扰类型下的量子计算特性进行系统的分析。全书共分七章，其主要内容为：

第 1 章作为绪论介绍有关量子计算干扰的研究概况。

第 2 章介绍量子计算的基本概念和相关数学描述。

第 3 章介绍一些典型的量子混沌系统及其分析方法。

第 4 章分析理想封闭环境中 Ising 模型、Grover 量子搜索算法和量子 Harper 模型的干扰及其导致的量子混沌运动，研究保真度、可信计算时间尺度、局域化特性和计算可逆性等在静态干扰和随机噪声下的变化规律。

第 5 章讨论开放环境下耗散干扰对 Grover 量子搜索算法和量子 Harper 模型的量子仿真的影响。

第 6 章讨论量子计算中随机噪声和静态干扰作用下，量子纠缠和量子关联的变化。

第 7 章介绍随机动力学解耦法抑制干扰的工作原理，并将其用于提高量子面包师映射仿真算法的鲁棒性。

参 考 文 献

[1] Nielsen M A, Chuang I L. 量子计算和量子信息 (一)—— 量子计算部分. 赵千川译, 北京: 清华大学出版社, 2003.

[2] 周正威, 黄运锋, 张永生, 等. 量子计算的研究进展. 物理学进展, 2005, 25:368–385.

[3] Feynman R P. Simulating physics with computers. Int J Theor Phys, 1982, 21:467–488.

[4] Feynman R P. Quantum mechanical computers. Found Phys, 1986, 16:507–531.

[5] Steane A. Quantum computing. Rep Prog Phys, 1998, 61:117–173.

[6] Shor P W. Algorithms for quantum computation: discrete logarithms and factoring. Proceedings of 35th Annual Symposium on the Foundations of Computer Science, Los Alamitos, CA, 1994.

[7] Grover L K. Quantum mechanics helps in searching for a needle in a haystack. Phys Rev Lett, 1997, 79(10):325–328.

[8] The Quantum Information Science and Technology Experts Panel. A quantum information science and technology roadmap. http://qist.lanl.gov, 2004.

[9] 夏培肃. 量子计算. 计算机研究与发展, 2001, 38(10):1153–1171.

[10] Duan L M, Guo G C. Reducing decoherence in quantum-computer memory with all quantum bits coupling to the same environment. Phys Rev A, 1998, 57(2):737–741.

[11] Yuan Z S, Chen Y A, Zhao B, et al. Experimental demonstration of a BDCZ quantum repeater node. Nature, 2008, 454:1098.

[12] Sun K, Xu J S, Ye X J, et al. Experimental demonstration of the Einstein-Podolsky-Rosen Steering Game based on the All-Versus-Nothing Proof. Phys Rev Lett, 2014, 113:140402.

[13] Chen G, Zou Y, Xu X Y, et al. Experimental test of the State Estimation-Reversal Tradeoff Relation in general quantum measurements. Phys Rev X, 2014, 4:021043.

[14] Li Z, Liu X, Xu N, et al. Experimental realization of quantum artificial intelligence. arXiv, 2014. 1410.1054.

[15] Shor P W. Scheme for reducing decoherence in quantum computer memory. Phys Rev A, 1995, 89:2493–2496.

[16] Unruh W G. Maintaining coherence in quantum computers. Phys Rev A, 1995, 51:992–997.

[17] 张登玉. 自发发射与量子计算机存储单元的相干脱散. 物理学报, 1997, 46(4):656–660.

[18] Ekert A, Macchiavello C. Quantum Error Correction for Communication. Phys Rev Lett, 1996, 77:2585–2588.

[19] Bennett C H, DiVincenzo D P, Smolin J A, et al. Mixed-state entanglement and quantum error correction. Phys Rev A, 1996, 54:3824–3851.

[20] Knill E, Laflamme R. Theory of quantum error-correcting codes. Phys Rev A, 1997, 55:900–911.

[21] Gottesman D. Class of quantum error-correcting codes saturating the quantum Hamming bound. Phys Rev A, 1996, 54:1862–1868.

[22] Nielsen M A, Chuang I L. 量子计算和量子信息 (二)—— 量子信息部分. 郑大钟， 赵千川译, 北京：清华大学出版社, 2005.

[23] Gottesman D. Theory of fault-tolerant quantum computation. Phys Rev A, 1998, 57:127–137.

[24] Knill E. Quantum computing with realistically noisy devices. Nature, 2005, 434:39–44.

[25] Barrett S D, Stace T M. Fault Tolerant Quantum Computation with Very High Threshold for Loss Errors. Physical Review Letters, 2010, 105:200502.

[26] Duan L M, Guo G C. Preserving coherence in quantum computation by pairing quantum bits. Phys Rev Lett, 1997, 79:1953–1956.

[27] 张权, 张尔扬, 唐朝京. 基于无消相干子空间的量子避错码设计. 物理学报, 2002, 51(8):1675–1683.

[28] Zanardi P, Rasetti M. Noiseless quantum codes. Phys Rev Lett, 1997, 79:3306–3309.

[29] Lidar D A, Bacon D, Whaley K B. Concatenating Decoherence-Free Subspaces with Quantum Error Correcting Codes. Phys Rev Lett, 1999, 82:4556–4559.

[30] Alber G, Beth T, Charnes C, et al. Detected-jump-error-correcting quantum codes, quantum error designs, and quantum computation. Phys Rev A, 2003, 68:012316–012325.

[31] Kempe J, Bacon D, Lidar D A, et al. Theory of decoherence-free fault-tolerant universal quantum computation. Phys Rev A, 2001, 63:042307–042326.

[32] Kwiat P G, Berglund A J, Altepeter J B, et al. Experimental verification of decoherence-free subspaces. Science, 2000, 290:498–501.

[33] Kielpinski D, Meyer V, Rowe M A, et al. A decoherence-free quantum memory using trapped ions. Science, 2001, 291:1013–1015.

[34] Viola L, Knill E, Lloyd S. Dynamical decoupling of open quantum systems. Phys Rev Lett, 1999, 82:2417–2421.

[35] Viola L, Lloyd S. Dynamical suppression of decoherence in two-state quantum systems. Phys Rev A, 1998, 58:2733–2744.

[36] Facchi P, Tasaki S, Pascazio S, et al. Control of decoherence: analysis and comparison of three different strategies. Phys Rev A, 2005, 71:022302–022323.

[37] Georgeot B, Shepelyansky D L. Quantum chaos border for quantum computing. Phys Rev E, 2000, 62:3504–3507.

[38] Georgeot B, Shepelyansky D L. Emergence of quantum chaos in the quantum computer core and how to manage it. Phys Rev E, 2000, 62:6366–6375.

[39] Georgeot B, Shepelyansky D L. Exponential gain in quantum computing of quantum chaos and localization. Phys Rev Lett, 2001, 86:2890–2893.

[40] Peres A. Stability of quantum motion in chaotic and regular systems. Phys Rev A, 1984, 30:1610–1615.

[41] Znidaric M. Stability of quantum dynamics [D]. Ljubljana: Physics Department, University of Ljubljana, 2004.

[42] Prosen T, Znidaric M. Stability of quantum motion and correlation decay. J Phys A: Math Gen, 2002, 35:1455–1481.

[43] Levi B, Georgeot B, Shepelyansky D L. Quantum computing of quantum chaos in the kicked rotator model. Phys Rev E, 2003, 67:046220–046229.

[44] Rossini D, Benenti G, Casati G. Classical versus quantum errors in quantum computation of dynamical systems. Phys Rev E, 2004, 70:056216–056222.

[45] Benenti G, Casati G, Montangero S, et al. Statistical properties of eigenvalues for an operating quantum computer with static imperfections. The European Physical Journal D, 2003, 22:285–293.

[46] Benenti G, Casati G, Montangero S, et al. Eigenstates of an operating quantum computer: hypersensitivity to static imperfections. The European Physical Journal D, 2002, 20:293–296.

[47] Georgeot B, Shepelyansky D L. Stable quantum computation of unstable classical chaos. Phys Rev Lett, 2001, 86:5393–5396.

[48] Benenti G, Casati G, Shepelyansky D L. Emergence of Fermi-Dirac thermalization in the quantum computer core. The European Physical Journal D, 2001, 17:265–272.

[49] Pomeransky A A, Shepelyansky D L. Quantum computation of the Anderson transition in the presence of imperfections. Phys Rev A, 2004, 69:014302–014305.

[50] Pomeransky A A, Zhirov O V, Shepelyansky D L. Phase diagram for the Grover algorithm with static imperfections. The European Physical Journal D, 2004, 31:131–135.

[51] Song P H, Kim I. Computational leakage: Grover's algorithm with imperfections. The European Physical Journal D, 2003, 23:299–303.

[52] Maity K, Lakshminarayan A. Quantum chaos in the spectrum of operators used in Shor's algorithm. Phys Rev E, 2006, 74:035203–035206.

[53] Terraneo M, Shepelyansky D L. Imperfection effects for multiple applications of the quantum wavelet transform. Phys Rev Lett, 2003, 90:257902–257905.

[54] Braun D. Quantum chaos and quantum algorithms. Phys Rev A, 2002, 65:042317–042322.

[55] Berman G P, Borgonovi F, Izrailev F M, et al. Delocalization border and onset of chaos in a model of quantum computation. Phys Rev E, 2001, 64:056226–056239.

[56] Berman G P, Borgonovi F, Celardo G, et al. Dynamical fidelity of a solid-state quantum computation. Phys Rev E, 2002, 66:056206–056214.

[57] Celardo G L, Pineda C, Znidaric M. Stability of the quantum Fourier transformation

on the Ising quantum computer. Int. J. Quantum Inf., 2005, 3:441–462.

[58] Kern O, Alber G, Shepelyansky D L. Quantum error correction of coherent errors by randomization. The European Physical Journal D, 2005, 32:153–156.

[59] Viola L, Knill E. Random decoupling schemes for quantum dynamical control and error suppression. Phys Rev Lett, 2005, 94:060502–060505.

[60] Santos L F, Viola L. Dynamical control of qubit coherence: Random versus deterministic schemes. Phys Rev A, 2005, 72:062303–062322.

[61] Santos L F, Viola L. Enhanced convergence and robust performance of randomized dynamical decoupling. Phys Rev Lett, 2006, 97:150501–150504.

[62] Kern O, Alber G. Controlling quantum systems by embedded dynamical decoupling schemes. Phys Rev Lett, 2005, 95:250501–250504.

[63] Zhang Y, Zhou Z W, Yu B, et al. Concatenating dynamical decoupling with decoherence-free subspaces for quantum computation. Phys Rev A, 2004, 69:042315–042320.

[64] Gorin T, Prosen T, Seligman T H, et al. Dynamics of Loschmidt echoes and fidelity decay. Phys Rep, 2006, 435:33–156.

[65] Carlo G G, Benenti G, Casati G. Teleportation in a noisy environment: a quantum trajectories approach. Phys Rev Lett, 2003, 91:257903–257906.

[66] Carlo G G, Benenti G, Casati G, et al. Simulating noisy quantum protocols with quantum trajectories. Phys Rev A, 2004, 69:062317–062327.

[67] Zhirov O V, Shepelyansky D L. Dissipative decoherence in the Grover algorithm. The European Physical Journal D, 2006, 46:1–4.

[68] Harrow A W, Nielsen M A. Robustness of quantum gates in the presence of noise. Phys Rev A, 2003, 68:012308–012321.

[69] Keun A K, Hyegeun M, O S D, et al. Decoherence effects on the entangled states in a noisy quantum channel. Journal of the Korean Physical Society, 2004, 45:273–280.

[70] Carlo G G, Benenti G, Shepelyansky D L. Dissipative quantum chaos: transition from wave packet collapse to explosion. Phys Rev Lett, 2005, 95:164101–164104.

[71] Weinstein Y S, Hellberg C S. Scalable architecture for coherence-preserving qubits. Phys Rev Lett, 2007, 98:110501–110504.

[72] Lovric M, Krojanski H G, Suter D. Decoherence in large quantum registers under variable interaction with the environment. Phys Rev A, 2007, 75:042305–042312.

[73] Li X, Jones J A. Robust logic gates and realistic quantum computation. Phys Rev A, 2006, 73:032334–032339.

[74] Bettelli S, Shepelyansky D L. Entanglement versus relaxation and decoherence in a quantum algorithm for quantum chaos. Phys Rev A, 2003, 67:054303–054306.

[75] Montangero S, Benenti G, Fazio R. Dynamics of entanglement in quantum computers with imperfections. Phys Rev Lett, 2003, 91:187901–187904.

[76] Wang X G, Ghose S, Sanders B C, et al. Entanglement as a signature of quantum chaos. Phys Rev E, 2004, 70:016217–016225.

[77] 王琪, 王晓茜. 一维倾斜场伊辛模型中的纠缠特性. 物理学报, 2013, 62(22):220301.

第 2 章　量子计算的基础理论

为了使用数学语言描述量子计算过程，本章首先给出几个量子力学理论中与量子计算相关的基本假设。然后介绍完成量子计算的硬件和算法。类似于经典计算机是由比特和逻辑门构建而成，量子计算机是由量子比特和基本量子门构成，基本量子门按照一定的规律排列起来完成对量子态的变换。本章最后介绍了 2 个典型的量子算法 —— 量子傅里叶变换和 Grover 量子搜索算法。

2.1　量子力学的基本假设

量子力学提供了研究物理系统所服从定律的数学及概念的框架。为了便于理解量子计算的基本概念，下面仅给出一些与量子计算相关的量子力学基本假设。更深入的量子力学知识介绍已超出了本书的范围，有兴趣的读者请参考专业书籍[1]。

假设 1　任一孤立物理系统都有一个称为系统状态空间的复内积向量空间 (即 Hilbert 空间) 与之相联系，系统完全由状态向量所描述，这个向量是系统状态空间的一个单位向量。

Hilbert 空间中向量的量子力学符号为 $|\psi\rangle$，它被称为右态矢，通常表示一个列向量。它的对偶向量 $\langle\psi|$ 为左矢，表示一个行向量。如果向量 $|v\rangle$ 和 $|w\rangle$ 的内积为 0，则称它们为正交，即 $(|v\rangle, |w\rangle) \equiv 0$，其中两个复向量 $|v\rangle$ 和 $|w\rangle$ 的内积可以定义为

$$(|v\rangle, |w\rangle) = \langle v|w\rangle = \sum_i v_i^* w_i \tag{2.1}$$

假设 2　一个封闭量子系统的演化可以由一个酉变换来刻画，即系统在时刻 t_1 的状态 $|\psi(t_1)\rangle$ 和系统在时刻 t_2 的状态 $|\psi(t_2)\rangle$，可以通过一个仅依赖于时间 t_1 和 t_2 的酉算符 U 相联系：

$$|\psi(t_2)\rangle = U|\psi(t_1)\rangle \tag{2.2}$$

其中酉算符 U 满足 $U^\dagger = U^{-1}$。

假设 2'　封闭量子系统的演化由薛定谔方程描述：

$$\mathrm{i}\hbar\frac{\mathrm{d}|\psi(t)\rangle}{\mathrm{d}t} = H|\psi(t)\rangle \tag{2.3}$$

其中 H 是该封闭系统的哈密顿量，它是一个厄米 (Hermitian) 算子，满足 $H^\dagger = H$，$\hbar$ 为 Planck 常数。薛定谔方程是时间的一阶线性微分方程。因此给定任一初始状态 $|\psi(t_0)\rangle$，则系统在任意时刻 t 的状态 $|\psi(t)\rangle$ 可以通过解薛定谔方程而完全、唯一地确定。

通过求薛定谔方程的解，可以验证假设 2 中的酉算子 U 和厄米算子 H 之间满足：

$$U(t_1, t_2) = \mathrm{e}^{\frac{-\mathrm{i}\cdot H(t_2-t_1)}{\hbar}} \tag{2.4}$$

假设 3　量子测量由一组测量算子 $\{M_m\}$ 描述，这些算子作用在被测系统状态空间上，下标 m 表示实验中可能的测量结果。量子测量的过程实际上就是波函数由叠加态转化为基态的坍塌过程。若在测量前，量子系统的状态是 $|\psi\rangle$，则结果 m 发生的概率由

$$p(m) = \langle\psi|M_m^\dagger M_m|\psi\rangle \tag{2.5}$$

给出，且测量后系统的状态为

$$\frac{M_m|\psi\rangle}{\sqrt{\langle\psi|M_m^\dagger M_m|\psi\rangle}} \tag{2.6}$$

测量算子满足完备性方程，

$$\sum_m M_m^\dagger M_m = 1 \tag{2.7}$$

完备性方程表达了概率之和为 1 的事实：

$$\sum_m \langle\psi|M_m^\dagger M_m|\psi\rangle = \sum_m p(m) = 1 \tag{2.8}$$

2.2　量子计算的数学描述

2.2.1　量子态

从物理的观点看，任何计算装置都是一个物理系统，计算则是这个物理系统的演化过程。经典计算机以比特 (bit) 作为基本信息单元，一个比特是一个具有两个状态的物理系统。在某一确定的时刻，它只能为两个状态中的一个，即 1 或 0 (真或假)。在数字电子计算机中，通常使用晶体管的通和断表示这两个状态。

在量子系统中，量子比特 (qubit) 是其基本的信息单元。一个量子计算机可以看做一个由 n 个量子比特所构成的集合，所以它的波函数属于一个 2^n 维的 Hilbert

空间。只要该量子计算机与环境的耦合可以忽略不计，那么其波函数随时间的演化就是酉正的，并且由薛定谔方程所支配。单量子比特的状态通常使用 2 维 Hilbert 空间中的一个列向量描述。单量子比特的两个基态 $|0\rangle$ 和 $|1\rangle$ 构成了这个向量空间的一组正交基。量子比特的奇特之处在于，它在某一确定的时刻，可以同时处于 $|0\rangle$ 和 $|1\rangle$ 这两个基本状态的叠加状态，即

$$|\psi\rangle = \alpha|0\rangle + \beta|1\rangle \tag{2.9}$$

其中 α 和 β 为复系数，称为概率幅，并且满足概率之和为 1 的归一化条件：$|\alpha|^2 + |\beta|^2 = 1$。在叠加态下不能确定地说状态是 $|0\rangle$ 或 $|1\rangle$。基态 $|0\rangle$ 和 $|1\rangle$ 以及叠加态 $|\psi\rangle$ 可分别表示为

$$|0\rangle = \begin{bmatrix} 1 \\ 0 \end{bmatrix}, \qquad |1\rangle = \begin{bmatrix} 0 \\ 1 \end{bmatrix}, \qquad |\psi\rangle = \alpha|0\rangle + \beta|1\rangle = \begin{bmatrix} \alpha \\ \beta \end{bmatrix} \tag{2.10}$$

量子计算的结果通过对量子态的量子测量给出。在对单量子比特实施量子测量的情况下，有 2 个测量算子 $M_0 = |0\rangle\langle 0|$ 和 $M_1 = |1\rangle\langle 1|$，而且这 2 个算子都是厄米的。它们满足完备性关系

$$M_0^\dagger M_0 + M_1^\dagger M_1 = 1 \tag{2.11}$$

假设被测状态是 $\alpha|0\rangle + \beta|1\rangle$，则得到测量结果为 0 的概率是

$$p(0) = \langle\psi|M_0^\dagger M_0|\psi\rangle = |\alpha|^2 \tag{2.12}$$

同理，得到测量结果为 1 的概率是 $p(1) = |\beta|^2$。

对于由 n_q 个量子比特组成的量子寄存器，它的状态由 $N = 2^{n_q}$ 维 Hilbert 空间中的一个向量表示。例如，对于 2 个量子比特组成的系统，它的状态为 4 个基态的叠加，

$$\begin{aligned}|\psi\rangle &= \alpha_{00}|00\rangle + \alpha_{01}|01\rangle + \alpha_{10}|10\rangle + \alpha_{11}|11\rangle \\ &= \alpha_{00}(|0\rangle \otimes |0\rangle) + \alpha_{01}(|0\rangle \otimes |1\rangle) + \alpha_{10}(|1\rangle \otimes |0\rangle) + \alpha_{11}(|1\rangle \otimes |1\rangle)\end{aligned}$$

其中 $\alpha_{ij}(i,j=0,1)$ 表示各个基态对应的概率幅值，也满足概率之和为 1 的归一化条件。$|i\rangle \otimes |j\rangle(i,j=0,1)$ 表示 2 个基态 $|i\rangle$ 和 $|j\rangle$ 的张量积，通常缩写为 $|i\rangle|j\rangle$ 或 $|ij\rangle$。因此由 n_q 个量子比特组成的量子寄存器可以同时以一定概率表示 0 到

$2^{n_q}-1$ 之间所有的整数。量子寄存器的存储空间随量子比特个数增加呈指数增长是量子计算的一个基本特性。

在两个及多个量子比特之间出现的纠缠是量子系统非常奇特的性质之一。如果多量子比特的状态不能表示成张量积的形式，则这些量子比特处于纠缠态，例如两量子比特状态 $|\psi\rangle=\frac{1}{\sqrt{2}}(|00\rangle+|11\rangle)$ 或 $|\psi\rangle=\frac{1}{\sqrt{2}}(|01\rangle+|10\rangle)$ 就是纠缠态；而量子态 $|\psi\rangle=\frac{1}{\sqrt{2}}(|00\rangle+|01\rangle)$ 不是纠缠态，因为它可以写成如下的张量积形式：

$$\frac{1}{\sqrt{2}}(|00\rangle+|01\rangle)=|0\rangle\otimes\frac{1}{\sqrt{2}}(|0\rangle+|1\rangle) \tag{2.13}$$

量子纠缠态在量子计算和量子信息中具有很多非常有价值的应用，例如量子隐形传态等。

2.2.2 量子门和量子线路

与数字电路中逻辑门相对应的是量子门，它对量子态起状态变换作用。量子门在数学上使用矩阵来表示。按照量子门作用的量子比特数目不同，可以将量子门分为单量子比特门和多量子比特门。常见的单量子比特门有 Hadamard 门和 Pauli-X,Y,Z 门：

$$H=\frac{1}{\sqrt{2}}\begin{bmatrix}1 & 1\\ 1 & -1\end{bmatrix}$$

$$X=\begin{bmatrix}0 & 1\\ 1 & 0\end{bmatrix},\quad Y=\begin{bmatrix}0 & -\mathrm{i}\\ \mathrm{i} & 0\end{bmatrix},\quad Z=\begin{bmatrix}1 & 0\\ 0 & -1\end{bmatrix} \tag{2.14}$$

Hadamard 门把 $|0\rangle$ 变为 $|0\rangle$ 和 $|1\rangle$ 的中间状态 $(|0\rangle+|1\rangle)/\sqrt{2}$，或者把 $|1\rangle$ 变换为 $(|0\rangle-|1\rangle)/\sqrt{2}$，即

$$H\cdot\begin{bmatrix}1\\ 0\end{bmatrix}=\frac{1}{\sqrt{2}}\begin{bmatrix}1\\ 1\end{bmatrix} \tag{2.15}$$

$$H\cdot\begin{bmatrix}0\\ 1\end{bmatrix}=\frac{1}{\sqrt{2}}\begin{bmatrix}1\\ -1\end{bmatrix} \tag{2.16}$$

Hadamard 门在同时作用于初态为 $|00\rangle$ 的双量子比特上时，输出为

$$\begin{aligned}H^{\otimes 2}|00\rangle &= \frac{|0\rangle+|1\rangle}{\sqrt{2}}\cdot\frac{|0\rangle+|1\rangle}{\sqrt{2}}\\ &= \frac{|00\rangle+|01\rangle+|10\rangle+|11\rangle}{2}\end{aligned}$$

X 门即量子非门，它将量子态 $\alpha|0\rangle+\beta|1\rangle$ 变换为量子态 $\beta|0\rangle+\alpha|1\rangle$，即

$$X\cdot\begin{bmatrix}\alpha\\ \beta\end{bmatrix}=\begin{bmatrix}\beta\\ \alpha\end{bmatrix} \tag{2.17}$$

常见的多量子比特门有受控非门和受控相位门等。受控非门有两个输入量子比特，分别为控制量子位和受控量子位。如果控制量子比特的状态为 $|0\rangle$，则受控量子比特状态保持不变；如果控制量子比特的状态为 $|1\rangle$，则受控量子比特状态发生翻转。用以下矩阵表示受控非门：

$$CNOT=\begin{bmatrix}1&0&0&0\\0&1&0&0\\0&0&0&1\\0&0&1&0\end{bmatrix} \tag{2.18}$$

受控相位门只有当控制量子比特的状态为 $|1\rangle$ 时，才对目标量子比特做一个相位移动，$CPHASE\cdot|11\rangle=\mathrm{e}^{\mathrm{i}\delta}|11\rangle$，

$$CPHASE=\begin{bmatrix}1&0&0&0\\0&1&0&0\\0&0&1&0\\0&0&0&\mathrm{e}^{\mathrm{i}\delta}\end{bmatrix} \tag{2.19}$$

作用在叠加态上的量子门能够同时改变所有 N 个基态的概率幅，对其进行一次操作，就相当于经典计算的 N 次操作，这种效果就是量子并行计算，也是量子计算比经典计算更加强大的原因之一。量子门对应的矩阵 U 都为酉阵，即 $U^{\dagger}U=I$。因此所有的量子逻辑门都是可逆操作；一个量子门的作用总可以通过另一个量子门翻转过来。也就是说，量子计算机在运算过程中不伴随信息的擦除，从而在理论上具有无限小的能量耗散。

多个量子门按照一定的顺序组成的网络称为量子线路，利用量子线路可以完成经典逻辑线路无法实现的一些复杂问题。量子并行性简单地说就是使量子计算机可以同时计算函数 $f(x)$ 在许多不同的 x 处的值。例如对函数 $f(x):\{0,1\}\rightarrow\{0,1\}$ 是具有一比特定义域和值域的函数，在量子计算机上计算这个函数的方法是，考虑初态为 $|x,y\rangle$ 的双量子比特的量子计算机，通过适当的逻辑将初态变为状态 $|x,y\oplus f(x)\rangle$，实现映射 $|x,y\rangle\rightarrow|x,y\oplus f(x)\rangle$。若 $y=0$，则第 2 个量子比特的状态就是 $f(x)$ 的值。利用量子并行性计算 $f(x)$ 的量子线路见图 2.1。经过量子计

算后的量子态为

$$\frac{|0,f(0)\rangle+|1,f(1)\rangle}{\sqrt{2}} \tag{2.20}$$

在这个状态中同时包含了 $f(0)$ 和 $f(1)$，因此利用量子计算机处于叠加态的能力，单个量子线路可以同时计算多个 x 的函数值。

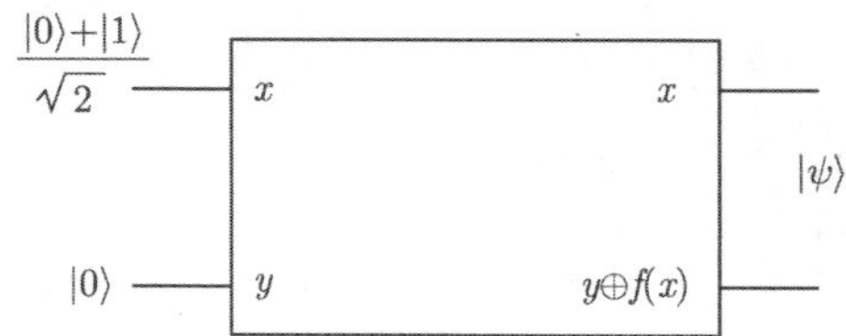

图 2.1 同时计算 $f(0)$ 和 $f(1)$ 的量子线路。量子比特 x 的输入为平衡叠加态，量子比特 y 的输入为 $|0\rangle$

很显然，量子线路也可以模拟经典逻辑线路。采用 Toffoli 量子门，任何经典线路都可以用等价的、仅包含可逆元件的线路代替。Toffoli 量子门包含有 2 个控制比特，当 2 个控制比特都为 1 时，目标比特翻转，否则目标比特状态不变。用 Toffoli 量子门实现经典与非门的示例线路见图 2.2。

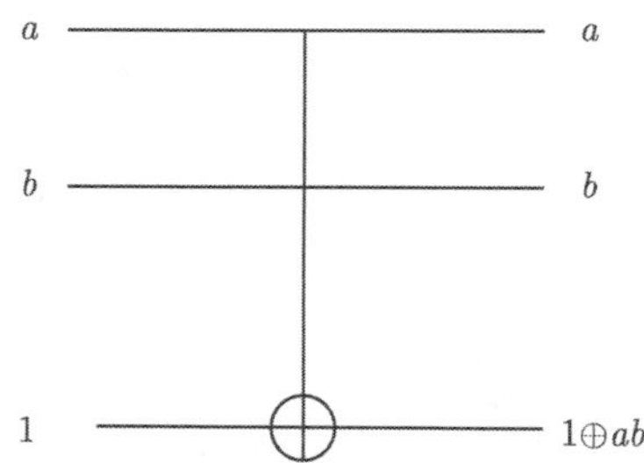

图 2.2 利用 Toffoli 量子门实现与非经典逻辑。上边两个控制比特表示与非门的输入，Toffoli 量子门的目标比特作为与非门的输出

2.2.3 开放量子系统

在描述受外部环境影响的开放量子系统的状态时，经常采用密度算子形式。如果量子系统以概率 p_i 处在一组状态 $|\psi_i\rangle$ 中的某一个，那么系统的密度算子 ρ 定义为

$$\rho=\sum_i p_i|\psi_i\rangle\langle\psi_i| \tag{2.21}$$

纯态 (pure state) 和混合态 (mixed state) 是开放量子系统密度矩阵常见的两个概念。具有精确已知状态的量子系统称为处于纯态；否则称为处于混合态。判断密

度矩阵是纯态还是混合态的一个简单判据是：纯态满足 $\mathrm{tr}(\rho^2)=1$，而混合态满足 $\mathrm{tr}(\rho^2)<1$。另一个判断纯态的判据是：只有纯态的密度矩阵的秩为 1。例如状态

$$\rho_1=\begin{bmatrix}1&0&0&0\\0&0&0&0\\0&0&0&0\\0&0&0&0\end{bmatrix},\quad \rho_2=\begin{bmatrix}\frac{1}{2}&0&0&\frac{1}{2}\\0&0&0&0\\0&0&0&0\\\frac{1}{2}&0&0&\frac{1}{2}\end{bmatrix},\quad \rho_3=\begin{bmatrix}\frac{1}{2}&0&0&0\\0&0&0&0\\0&0&0&0\\0&0&0&\frac{1}{2}\end{bmatrix} \tag{2.22}$$

中，ρ_1 和 ρ_2 的秩为 1，因此它们为纯态，ρ_1 表示基态 $|00\rangle$，ρ_2 代表叠加态 $|\psi\rangle=\frac{1}{\sqrt{2}}(|00\rangle+|11\rangle)$。而 ρ_3 则为混合态，它表示基态 $|00\rangle$ 和 $|11\rangle$ 分别以概率 $\frac{1}{2}$ 存在，$\rho_3=\frac{1}{2}|00\rangle\langle 00|+\frac{1}{2}|11\rangle\langle 11|$。

约化密度算子 (reduced density operator) 是分析复合量子系统的重要工具。对于物理系统 A 和 B，针对系统 A 的约化密度算子为

$$\rho^A=\mathrm{tr}_B(\rho^{AB}) \tag{2.23}$$

其中 tr_B 为在系统 B 上的偏迹，而偏迹定义为

$$\mathrm{tr}_B(|a_1\rangle\langle a_2|\otimes|b_1\rangle\langle b_2|)=|a_1\rangle\langle a_2|\left(\langle b_2|b_1\rangle\right) \tag{2.24}$$

其中 $|a_1\rangle$ 和 $|a_2\rangle$ 是状态空间 A 中的两个向量，$|b_1\rangle$ 和 $|b_2\rangle$ 是状态空间 B 中的两个向量。

2.3 量子算法

计算机是利用算法来解决特定问题的。一些算法解决问题所需的时间随问题规模呈指数增长，而另一些问题所需的时间对问题规模可能是多项式的。在经典计算理论中，按照问题求解的计算复杂性，把能够用多项式时间算法求解的判定问题，称为 P 类问题；把另一类至今还没找到其多项式时间算法 (但并未证明它没有多项式时间算法) 的称为 NP 问题[2]。对于经典计算中的 NP 问题，量子计算机有可能降低其复杂度，但必须有高效的量子算法。量子算法的中心思想就是利用量子态的相干性，使所需的结果的概率增强，同时使不需要的结果的概率减弱，这样期望得到的结果在测量时就以较高的概率出现[3]。

已知的常用量子算法大致可以分为三类[4]：第一类是基于量子傅里叶变换算法产生的算法，傅里叶变换在经典算法中有着广泛应用，Deutsch - Jozsa 量子算法也

是这类算法中的一个简单例子，Shor 的因子分解算法和离散对数算法也是基于量子傅里叶变换；第二类为 Grover 搜索算法及其改进算法；第三类为量子仿真算法，用量子计算机模拟量子系统。量子傅里叶变换是 Shor 大数质因子分解算法、相位估计和许多其他量子算法的关键部分[5]。使用量子线路完成一次 n_q 个量子比特的傅里叶变换一共需要 $O(n_q^2)$ 个量子门，而在经典计算中要完成 2^{n_q} 个元的离散傅里叶变换，即使快速傅里叶变换 (FFT) 的复杂度也为 $O(n_q 2^{n_q})$。Grover 量子搜索算法虽然没有获得指数加速，但它把搜索过程从经典的 N 步缩小到 $\sqrt{N}$ 步。Grover 搜索算法的应用也很广泛，比如连续全局优化、寻找函数极大或极小值和超大规模集成电路的测试向量生成等[6-8]。

Shor 的大数分解量子算法虽然在理论上能够提供经典算法的指数加速，但是如果要超越目前最快的经典计算机而体现出 Shor 算法的优越性，则至少需要一千多个量子比特[9]。这样大规模的量子计算装置在目前的技术条件下显然是无法实现的。正如 Feynman 所设想的那样，量子计算机的一个重要的用途就是用来仿真研究量子动力系统。随着量子系统中粒子数目的增加，相应的 Hilbert 空间维数呈指数增长。因此复杂的多粒子量子系统无法在经典计算机上进行有效模拟。然而使用量子仿真算法，甚至在不到 10 个量子比特的情况下，就可以有效地仿真复杂量子动力系统，超越经典计算而表现出量子计算的巨大潜力。在混沌研究中面包师变换是一个简单但非常重要的研究范例，通过对其映射方程的量子化，在得到量子面包师映射 (quantum baker's map) 的基础上提出了量子面包师映射的量子仿真算法[10]。2001 年 Georgeot 和 Shepelyansky 等提出了一类周期驱动的量子混沌模型的量子仿真算法[11]，其中周期驱动的量子转子[11, 12]、量子锯齿映射和周期驱动的 Harper 模型 (QKH)[13] 等量子动力学系统都可使用量子计算机进行有效模拟。利用这些量子仿真算法，可以方便地研究对应经典复杂系统的量子模型的动力学性质。和经典仿真算法相比，量子仿真算法大多都能获得指数加速。因此量子系统仿真可能是量子计算未来最先得到应用的领域之一。

量子计算也需要硬件和软件两方面的支持，上述量子算法都需要在特定的硬件平台上完成其专一的功能，不具有通用性。因为通用的量子计算机尚未制造成功，所以以通用量子计算机为载体的通用量子计算软件 (包括量子操作系统、量子程序语言及编译程序等) 还有待进一步开发。Svore 等提出了一种 4 阶段的计算机辅助设计流程，它可以将由高级语言程序描述的量子算法经过汇编和优化等阶段，转化为精确的物理操作[14]。按照一般认识，通用量子程序的计算操作由如下三部分构成：

(1) 初始化操作。

(2) 对初态执行一系列期望的酉变换，来操控量子计算机的波函数。一个 n_q 量子比特的波函数的演化由一个 $2^{n_q} \times 2^{n_q}$ 的酉矩阵来描述，这个酉矩阵总是可以分解为作用在单量子比特或双量子比特之上的酉运算的乘积。而这些单量子比特或双量子比特运算则对应于量子线路中的基本量子门。

(3) 一个最终的量子测量。量子测量结果在本质上是概率性的，不同结果出现的概率由量子力学的基本假设给出。因此为了以尽可能高的概率得到某个问题的正确解，一个量子算法通常需要重复多次。根据量子力学假设，量子计算中允许将所有中间环节对不涉及后续酉变换的量子比特的测量推后到最终的测量中统一完成。即如果后续的测量不涉及中间需要测量的变量，那么将任意时刻的测量推后到程序的最后一步进行，可保证与原执行次序同样的结果。

为了适应未来量子计算机的实际工作需要以及提出新的量子算法，人们开始尝试发展量子程序设计语言。迄今较有代表性的量子程序设计语言主要有 QCL, qGCL 和 QML 等[15]。

2.3.1 量子傅里叶变换算法

对于一个复向量 $x = [x_0, x_1, \cdots, x_{N-1}]$, 其离散傅里叶变换给出如下新的复向量 y:

$$y_k = \frac{1}{\sqrt{N}} \sum_{j=0}^{N-1} x_j \mathrm{e}^{2\pi\mathrm{i}\cdot jk/N} \tag{2.25}$$

量子傅里叶变换是与之相同的变换。它是量子因子分解算法和许多量子仿真算法的关键部分。量子傅里叶变换被定义为一个作用于 n 个量子比特 $(N = 2^n)$ 上的酉算符, 它对计算基态作用为

$$|j\rangle \to \frac{1}{\sqrt{2^n}} \sum_{j=0}^{2^n-1} x_j \mathrm{e}^{2\pi\mathrm{i}\cdot jk/2^n} \tag{2.26}$$

因此它对任意状态的变换为

$$\sum_{j=0}^{N-1} x_j |j\rangle \to \sum_{k=0}^{N-1} y_k |k\rangle \tag{2.27}$$

其中系数 y_k 是 x_j 的由式 (2.25) 给出的离散傅里叶变换值。

为了构造量子傅里叶变换的量子线路，取 $|0\rangle, |1\rangle, \cdots, |2^n - 1\rangle$ 是 n 量子比特寄存器的基态，并且把 j 表示为二进制形式:

$$j = j_1 j_2 \dots j_n = j_1 2^{n-1} + j_2 2^{n-2} + \cdots + j_n 2^0 \tag{2.28}$$

以及二进制分数

$$0.j_l j_{l+1} \dots j_m = \frac{1}{2} j_l + \frac{1}{4} j_{l+1} + \dots + \frac{1}{2^{m-l+1}} j_m \tag{2.29}$$

经过简单的代数计算，可以得到傅里叶变换的乘积表示[16]：

$$\begin{aligned} |j\rangle &= |j_1 j_2 \dots j_n\rangle \\ &\rightarrow \frac{1}{\sqrt{2^n}} (|0\rangle + \mathrm{e}^{2\pi \mathrm{i} 0.j_n} |1\rangle) \otimes (|0\rangle + \mathrm{e}^{2\pi \mathrm{i} 0.j_{n-1} j_n} |1\rangle) \otimes \dots \otimes (|0\rangle + \mathrm{e}^{2\pi \mathrm{i} 0.j_1 j_2 \dots j_n} |1\rangle) \end{aligned} \tag{2.30}$$

这个表示为构造量子傅里叶变换的量子线路提供了参考。图 2.3 给出了一个这样的量子线路，其中受控相位门R_k 表示酉变换

$$R_k = \begin{bmatrix} 1 & 0 & 0 & 0 \\ 0 & 1 & 0 & 0 \\ 0 & 0 & 1 & 0 \\ 0 & 0 & 0 & \mathrm{e}^{2\pi \mathrm{i}/2^k} \end{bmatrix} \tag{2.31}$$

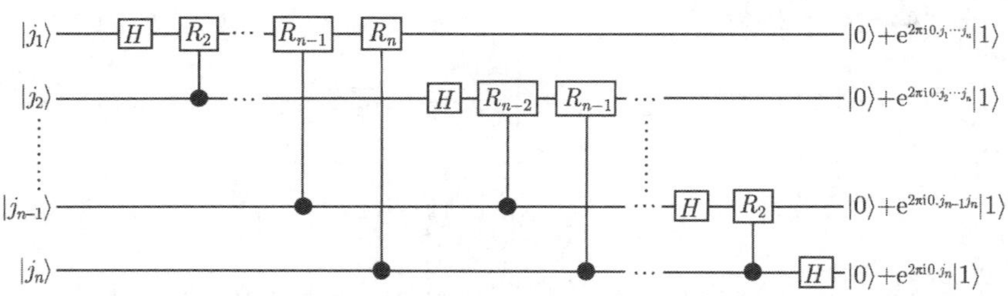

图 2.3　量子傅里叶变换的量子线路。图中没有给出线路末端的逆转量子比特顺序的交换门以及 $1/\sqrt{2}$ 因子

在图 2.3 中，当 $|j_1 j_2 \cdots j_n\rangle$ 作为输入时，Hadamard 门首先作用到第一个量子比特，产生状态：

$$\frac{1}{\sqrt{2}} (|0\rangle + \mathrm{e}^{2\pi \mathrm{i} 0.j_1} |1\rangle) \otimes |j_2 \cdots j_n\rangle \tag{2.32}$$

接下来是一些受控相位门。应用受控 R_2 门产生状态

$$\frac{1}{\sqrt{2}} (|0\rangle + \mathrm{e}^{2\pi \mathrm{i} 0.j_1 j_2} |1\rangle) \otimes |j_2 \cdots j_n\rangle \tag{2.33}$$

类似地，从受控 R_3 到 R_n，在相应的控制比特值为 $|1\rangle$ 时，第一个量子比特分别添加相位 $\pi/4$ 直到 $\pi/2^{n-1}$。经过这些受控相位门之后，量子态为

$$\frac{1}{\sqrt{2}} (|0\rangle + \mathrm{e}^{2\pi \mathrm{i} 0.j_1 j_2 \dots j_n} |1\rangle) \otimes |j_2 \cdots j_n\rangle \tag{2.34}$$

对于其他量子比特，重复类似的操作，产生最终状态

$$\frac{1}{\sqrt{2^n}}(|0\rangle + \mathrm{e}^{2\pi \mathrm{i} 0.j_1 j_2 \cdots j_n}|1\rangle) \otimes (|0\rangle + \mathrm{e}^{2\pi \mathrm{i} 0.j_2 \cdots j_n}|1\rangle) \otimes \cdots \otimes (|0\rangle + \mathrm{e}^{2\pi \mathrm{i} 0.j_n}|1\rangle) \quad (2.35)$$

用交换运算逆转量子比特的顺序之后，量子比特的状态与式 (2.30) 所示的乘积表示完全相同。图 2.3 中的量子线路表明，利用 n 个 Hadamard 门，$n(n-1)/2$ 个受控相位门以及至多 $n/2$ 次交换涉及的门，可以有效地对一个由 $N = 2^n$ 个元素的复向量进行离散傅里叶变换。因此进行一次量子傅里叶变换需要 $O(n^2)$ 个基本量子门，而最有效的经典快速傅里叶变换则需要 $O(n2^n)$ 个基本逻辑门。

2.3.2 Grover 量子搜索算法

量子搜索算法有助于解决以下搜索问题：在一个有 $N = 2^n$ 个条目的非结构化数据库中，搜索其中一个被特殊标记的条目。这种在非结构化数据库中的搜索问题是一类很实际的问题，例如，在一个含有 N 个条目的 (未经整理的) 电话簿里寻找一个指定的电话号码。这类问题可以在数学上用黑箱问题描述如下：

以 $\{0, 1, 2, \cdots, N-1\}$ 标记数据库中的每个条目，将那个未知的被特殊标记的条目记为 x'。黑箱的功能为计算一个 n 比特的二进制函数

$$f : \{0,1\}^n \to \{0,1\} \quad (2.36)$$

其定义为

$$f(x) = \begin{cases} 1, & \text{如果} x = x' \\ 0, & \text{其他} \end{cases} \quad (2.37)$$

把函数 f 称为一个黑箱意味着它只是简单地像一个黑箱函数那样运算，我们对它的内部工作机制不得而知，但是我们可以在需要的时候随时调用它 (尽管这样的每一次调用都有附带的计算消耗)。这里的问题是：如何在访问黑箱 f 的次数最少 (即使用最少的计算量) 的情况下，寻找到那个被特殊标记的条目 x'。

根据概率理论可知，如果随机地查询黑箱函数 f 共 k 次，那么找到被标记的条目 x' 的概率是 k/N。通常情况下解决这类问题的最佳经典算法就是穷尽所有可能的解。因此利用经典算法寻找到标记条目 x' 的查询次数为 $O(N)$ 次。Grover 证明，量子计算机可以只用 $O(\sqrt{N})$ 次查询解决同样的问题。尽管量子计算机所取得的计算加速不是指数级的，但是这个改进仍然是显著的。为了理解这种计算加速，考虑经典计算中的快速傅里叶变换算法。事实上，快速傅里叶变换比标准傅里叶变换快二次方倍，但是这一加速已足以对信号处理以及其他应用产生重大影响[16]。

下面举例说明量子搜索算法在 $N=4$ 的搜索空间上是如何工作的。图 2.4 给出了 Grover 搜索算法针对搜索空间为 $N=4$ 的量子线路。首先将上面的 2 个量

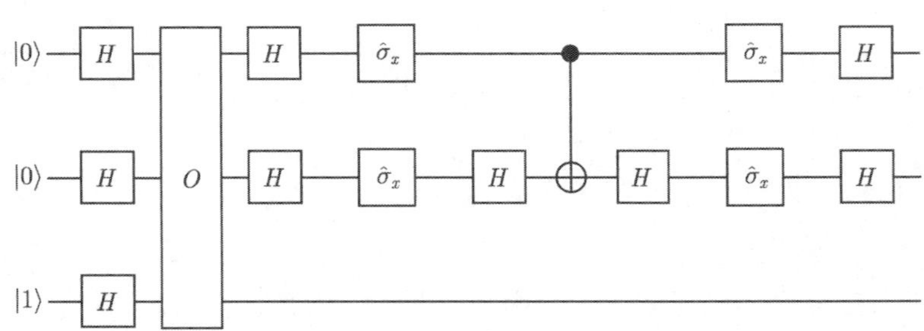

图 2.4　量子 Grover 搜索算法的量子线路。搜索空间为 $N=4$ 个条目的非结构化数据库

子比特制备为初始态 $|x\rangle=|00\rangle$，额外所需的 1 个辅助量子比特制备为 $|y\rangle=|1\rangle$。对这 3 个量子比特分别进行 Hadamard 门变换，于是整个量子态为

$$|\psi\rangle=\frac{1}{2}(|00\rangle+|01\rangle+|10\rangle+|11\rangle)\otimes\frac{1}{\sqrt{2}}(|0\rangle-|1\rangle) \tag{2.38}$$

随后查询黑箱函数并计算 $f(x)$。经过黑箱有 $|x\rangle|y\rangle\rightarrow|x\rangle|y\oplus f(x)\rangle$。由于下面的辅助量子比特已经被初始化为 $\frac{1}{\sqrt{2}}(|0\rangle-|1\rangle)$，如果 $f(x)=0$，它的状态保持不变；如果 $f(x)=1$，则其状态发生改变。因此辅助量子比特承载着黑箱的响应。图 2.4 给出的量子线路图对 x' 的所有 4 种可能值都是适用的。假如被寻找的被标记条目为 $|10\rangle$，则经过黑箱之后的量子态为

$$|\psi\rangle=\frac{1}{2}(|00\rangle+|01\rangle-|10\rangle+|11\rangle)\otimes\frac{1}{\sqrt{2}}(|0\rangle-|1\rangle) \tag{2.39}$$

如果此时立即测量 $|x\rangle$ 寄存器，由于各个基态前的复系数只存在相位差别，而幅值相同，因此得到各个基态的概率是一样的。这样并不能够挑出 $|10\rangle$。所以需要将基态前系数的相位差别转变为幅值差别，尽可能地提高被标记条目对应的幅值。这是通过图 2.4 中黑箱之后的量子门实现的。图中该部分变换可以分解为

$$D=H^{\otimes 2}RH^{\otimes 2} \tag{2.40}$$

其中 R 是对角阵

$$R=\begin{bmatrix}1&0&0&0\\0&-1&0&0\\0&0&-1&0\\0&0&0&-1\end{bmatrix} \tag{2.41}$$

和图 2.4 中类似，矩阵 R 还可以进一步分解为

$$R = \sigma_x^{\otimes 2}(I \otimes H)CNOT(I \otimes H)\sigma_x^{\otimes 2} \tag{2.42}$$

将变换 D 作用于量子态 (2.39)，得到

$$D \cdot \frac{1}{2}\begin{bmatrix} 1 \\ 1 \\ -1 \\ 1 \end{bmatrix} = \frac{1}{4}\begin{bmatrix} -1 & 1 & 1 & 1 \\ 1 & -1 & 1 & 1 \\ 1 & 1 & -1 & 1 \\ 1 & 1 & 1 & -1 \end{bmatrix}\begin{bmatrix} 1 \\ 1 \\ -1 \\ 1 \end{bmatrix} = \begin{bmatrix} 0 \\ 0 \\ 1 \\ 0 \end{bmatrix} \tag{2.43}$$

于是对 $|x\rangle$ 的量子测量结果将肯定是 $|10\rangle$。这样对于函数 f 的一次查询即可解决该问题。而对于经典算法而言，平均需要 2.25 次查询才可解决该问题。

以上整个 Grover 量子搜索线路可看做由两部分组成：

$$G = DO \tag{2.44}$$

其中 O 表示黑箱查询部分，它与被搜索状态 x' 有关；而

$$D = H^{\otimes n}(-I + 2|0\rangle\langle 0|)H^{\otimes n} \tag{2.45}$$

它与被搜索状态 x' 无关。

对于条目 $N = 2^n$ 较大的非结构化数据库，它的 Grover 量子搜索算法与 $N = 4$ 时类似。仍然需要 1 个辅助量子比特 $|y\rangle$，并将这 $n+1$ 个量子比特制备在初始态 $|x\rangle|y\rangle = |00\cdots 0\rangle|1\rangle$。然后对每一个量子比特都进行 Hadamard 门变换，使寄存器 $|x\rangle$ 处于平均叠加态，而辅助量子比特 $|y\rangle = \frac{1}{\sqrt{2}}(|0\rangle - |1\rangle)$。接着计算黑箱函数 $|x\rangle|y\rangle \to |x\rangle|y \oplus f(x)\rangle$。与 $N = 4$ 时有所不同的是，此时仅通过查询一次黑箱函数不足以找到 x'，必须多次重复查询，并计算 $f(x)$。也就是说，需要将 Grover 迭代 (2.44) 重复多次，直到被标记条目对应的概率幅值很高。所以对于初始的平均叠加态 $|x(0)\rangle = \sum_{i=0}^{N-1}|i\rangle/\sqrt{N}$，经过 t 次 Grover 迭代后的状态为

$$|x(t)\rangle = G^t|x(0)\rangle = \sin((t+1/2)\omega_G)|x'\rangle + \cos((t+1/2)\omega_G)|x''\rangle \tag{2.46}$$

其中 $\omega_G = 2\arcsin(1/\sqrt{N})$ 为 Grover 频率，$|x''\rangle = \sum_{x \neq x'}|x\rangle/\sqrt{N-1}$。因此 Grover 量子搜索算法可视为由向量 $|x'\rangle$ 和向量 $|x''\rangle$ 张成的 2 维平面上的一个旋转。如果迭代 t 次之后，$|x(t)\rangle$ 非常接近于 $|x'\rangle$，即 $|\sin((t+1/2)\omega_G)| \approx 1$，则停止迭代。由此可解出所需的迭代次数约为 $\pi\sqrt{N}/4 - 1/2$ 次。通常情况下 Grover 算法成功搜索到被标记条目的概率不是百分之百，但是却可以做到非常接近百分之百。

2.4 量子计算的物理实现

实现有效的量子计算，需要找到合适的物理载体。量子比特有多种微观粒子物理系统可以实现，比如光子的两种不同的极化方式、均匀电磁场中核自旋的取向，以及围绕单个原子旋转的电子的两种能级等。量子计算的过程就是这些物理系统波函数的演化过程。实现量子计算一方面要求量子比特要能很好地保持相干性，与外界有良好的隔离；另一方面又要求能精确而有效地控制系统的演化，即外界控制系统与被控量子系统之间有很好的耦合[17]。因此选择的物理系统需要兼顾这两个方面的要求。因为量子计算进行的可能最大时间大致由系统维持在量子力学相干状态的时间 T_Q 和完成基本酉运算的时间 T_{op} 之比给出，因此 T_Q/T_{op} 综合地表征满足上述两个要求的性能。一些量子比特系统物理实现的相关参数见表 2.1 [5]。这些不同的物理系统各有优缺点，固态量子计算系统的物理可扩展性较好 (即易于构成具有一定规模的“量子芯片”)，但退相干现象严重；基于量子光学的量子计算系统的相干性较好，但是物理可扩展性较差。

目前已经提出了一些完整的量子计算机物理实现模型，例如核磁共振量子计算机、谐振子量子计算机、光子量子计算机和离子阱量子计算机等[5]。实验上，Grover 量子搜索算法已经在腔量子电动力学系统和离子阱系统等得到实现[18-20]，量子傅里叶变换在 NMR 和离子阱系统中已实验成功[21, 22]，量子面包师变换也已经在 3 个量子比特的核磁共振量子计算机上成功实现[23]。尽管这些实验都还无法操控多达几百个量子比特的量子计算，而且距离真正有实用价值的大规模量子计算机还相当遥远，但是随着量子调控技术的发展，大规模的量子信息处理装置必将出现。

表 2.1 量子比特系统不同物理实现的相关参数

系统	相干时间/s	运算时间/s	最大运算次数
核自旋	$10^{-2} \sim 10^{8}$	$10^{-3} \sim 10^{-6}$	$10^{5} \sim 10^{14}$
电子自旋	10^{-3}	10^{-7}	10^{4}
离子阱	10^{-1}	10^{-14}	10^{13}
量子点	10^{-6}	10^{-9}	10^{3}
光学腔	10^{-5}	10^{-14}	10^{9}
微波共振腔	10^{0}	10^{-4}	10^{4}

参 考 文 献

[1] Griffiths D J. Introduction to Quantum Mechanics. 2nd ed. Pearson Education Inc.,

2009.

[2] 苏晓琴, 郭光灿. 量子通信与量子计算. 量子电子学报, 2004, 21(6):706–718.

[3] 夏培肃. 量子计算. 计算机研究与发展, 2001, 38(10):1153–1171.

[4] Shor P W. Progress in quantum algorithms. Quantum Information Processing, 2004, 3:5–13.

[5] Nielsen M A, Chuang I L. 量子计算和量子信息 (一)—— 量子计算部分. 赵千川译, 北京: 清华大学出版社, 2003.

[6] Baritompa W P, Bulger D W, Wood G R. Grover's quantum algorithm applied to global optimization. SIAM Journal on Optimization, 2005, 15(4):1170–1184.

[7] 龙桂鲁, 李岩松, 肖丽, 等. Grover 量子搜索算法及改进. 原子核物理评论, 2004, 21(1):114–116.

[8] Singh A, Bharadwaj L M, Harpreet S. DNA and quantum based algorithms for VLSI circuits testing. Nat Comput, 2005, 4:53–72.

[9] Steane A. Quantum computing. Rep Prog Phys, 1998, 61:117–173.

[10] Schack R. Using a quantum computer to investigate quantum chaos. Phys Rev A, 1998, 57:1634–1635.

[11] Georgeot B, Shepelyansky D L. Exponential gain in quantum computing of quantum chaos and localization. Phys Rev Lett, 2001, 86:2890–2893.

[12] Levi B, Georgeot B, Shepelyansky D L. Quantum computing of quantum chaos in the kicked rotator model. Phys Rev E, 2003, 67:046220–046229.

[13] Levi B, Georgeot B. Quantum computation of a complex system: the kicked Harper model. Phys Rev E, 2004, 70:056218–056236.

[14] Svore K M, Aho A V, Cross A W, et al. A layered software architecture for quantum computing design tools. Computer, 2006, 39:74–83.

[15] 吴楠, 宋方敏. 量子计算与量子计算机. 计算机科学与探索, 2007, 1(1):1–16.

[16] Benenti G, Casati G, Strini G. 量子计算与量子信息原理 (第一卷). 王文阁, 李保文译, 北京: 科学出版社, 2011.

[17] 周正威, 黄运锋, 张永生, 等. 量子计算的研究进展. 物理学进展, 2005, 25:368–385.

[18] Deng Z J, Feng M, Gao K L. Simple scheme for the two-qubit Grover search in cavity QED. Phys Rev A, 2005, 72:034306–034309.

[19] Fujiwara S, Hasegawa S. General method for realizing the conditional phase-shift gate and a simulation of Grover's algorithm in an ion-trap system. Phys Rev A, 2005, 71:012337.

[20] Yamaguchi F, Milman P, Brune M, et al. Quantum search with two-atom collisions in

cavity QED. Phys Rev A, 2002, 66:010302–010305.

[21] 冯芒, 蒋玉蓉, 高克林, 等. 量子离散 Fourier 变换在离子阱中的实现方案. 原子与分子物理学报, 2000, 17(3):436–440.

[22] Lee J S, Kim J, Cheong Y, et al. Implementation of phase estimation and quantum counting algorithms on an NMR quantum-information processor. Phys Rev A, 2002, 66:042316–042320.

[23] Weinstein Y S, Lloyd S, Emerson J V, et al. Experimental implementation of the quantum Baker's map. Phys Rev Lett, 2002, 89:157902–157905.

第3章　量 子 混 沌

近几十年来，非线性科学不断地改变人们对现实世界的许多传统看法，对各种非线性现象的研究蓬勃开展。它主要研究混沌、分形、孤立子和复杂性等科学问题，相应地形成了混沌动力学、分形几何、孤立子理论和复杂性理论等重要分支。

在对一些实际系统的建模和分析中，人们发现即使描述动力系统的常微分方程、偏微分方程或差分方程等包含的参数完全确定，不含有任何随机因素，该系统在某些条件下仍然会出现类似随机的运动行为。我们通常把确定性系统中出现的类似随机的行为称为混沌现象。混沌运动来源于系统的非线性，其典型特征表现为系统状态初值的微小变动将导致长时间后系统状态的不可预测性。从物理学的观点来看，混沌是确定性系统的三种稳态运动 (平衡、周期运动和准周期运动) 之外的一个普遍存在的运动形式。它可以理解为确定性系统的貌似随机性的动力学行为。1975 年，李天岩 (T. Y. Li) 和约克 (J. A. Yorke) 发表的著名论文《周期 3 蕴含混沌》标志着“混沌”概念的正式出现[1]。此后各种混沌现象不断被发现，各种分析方法和判据也相继被提出。目前，混沌动力系统、分岔和奇怪吸引子等理论也已超越数学的界限，广泛应用于振动、流体力学、系统工程和机械工程等领域中。

在认识到混沌在非线性科学中的重要地位之后，人们很自然地考虑到将混沌的概念推广到量子力学系统中去。在非线性科学中主要利用相空间中轨迹对初始状态的极端敏感性来描述混沌运动，但是在量子力学中由于测不准原理的限制，相轨迹的概念在量子系统中难以定义，而且封闭量子系统的酉演化性质进一步表明，无论系统的动力特性如何，量子态的演化不存在对初始状态的极端敏感性。量子混沌研究的目的是弄清楚在经典世界里极为普遍的混沌现象，在量子世界里会有什么样的表现形式，主要分析与经典混沌对应的量子现象以及它们之间的联系，研究量子不规则运动的基本特征。由于混沌及量子混沌研究的内容相当广泛，本章仅选取与后续内容相关的部分加以概述。

3.1　周期性外力驱动的混沌简介

对于一个有限维的哈密顿系统，经典力学中 Liouville 定理指出一个自由度为

n 的哈密顿系统，若具有 n 个相互对合的首次积分，则可显式地给出此动力系统的运动轨迹。

定义3.1 (可积系统) 若取 J_i (作用变量) 和 θ_i (角变量)$(i=1,\cdots,n)$ 为哈密顿正则变量，使得哈密顿函数 H 仅是 $J_1,J_2,\cdots,J_n$ 的函数 $H=H(J)$ 时，则此哈密顿函数称为是可积的。

此时有

$$\dot{J}_i=-\frac{\partial H}{\partial \theta_i}=0$$

$$\dot{\theta}_i=\frac{\partial H}{\partial J_i}=\omega(J)$$

其中 $\omega(J)$ 为作用变量 J 的函数，表示系统运动频率。

定义3.2 (近可积系统) 近可积系统是一个哈密顿可积系统的微小摄动

$$H(\theta,p)=H_1(\theta,p)+\varepsilon H_2(\theta,p) \tag{3.1}$$

其中 ε 为一小参数。

两个自由度的自治哈密顿系统或一个自由度的非自治哈密顿系统的动力学性质, 可以通过系统的运动轨道穿过相空间中的 Poincaré 截面而形成的二维保面积映射来研究。二维保面积映射是一类广泛的映射，比较典型的模型有:

周期驱动的转子 (kicked rotator):

$$\begin{cases} \bar{p}=p+K\sin\theta \\ \bar{\theta}=\theta+L\bar{p} \end{cases} \tag{3.2}$$

周期驱动的帐篷映射 (kicked tent map):

$$\begin{cases} \bar{p}=p-V'(\theta) \\ \bar{\theta}=\theta+L\bar{p} \end{cases} \tag{3.3}$$

其中 $V'(\theta)$ 是一个帐篷形式的函数

$$V'(\theta)=\begin{cases} K\left(\dfrac{\pi}{2}-\theta\right), & \theta\in[0,\pi) \\ K\left(-\dfrac{3}{2}\pi+\theta\right), & \theta\in[\pi,2\pi) \end{cases} \tag{3.4}$$

锯齿映射 (sawtooth map):

$$\begin{cases} \bar{p}=p+K(\theta-\pi) \\ \bar{\theta}=\theta+L\bar{p} \end{cases} \tag{3.5}$$

其中 (p, θ) 为一对正则共轭变量，$\bar{p}, \bar{\theta}$ 分别为 p, θ 经过一次迭代后的值。随着模型参数 K, L 的变化，这些非线性系统在相空间中显示出复杂的动力学行为。

Harper 映射也是常见的保面积映射之一。Harper 模型于 1955 年被首次提出，用于描述垂直于磁场方向的二维晶格中电子的运动[2]，其系统哈密顿量为

$$H_0(p,\theta) = \cos(p) + \cos(\theta) \tag{3.6}$$

通过在 Harper 模型中添加一个周期驱动项，可将模型由单纯的可积系统扩展为随系统参数呈现出混沌运动的复杂动力系统。周期驱动的 Harper 模型哈密顿函数为

$$H(p,\theta,t) = L\cos(p) + K\cos(\theta)\sum_{m}\delta(t - m\tau) \tag{3.7}$$

其中 L 和 K 为系统参数，$\delta(t)$ 是 δ-函数，m 取任一整数，τ 为驱动周期。系统在一个驱动周期内演化的不连续保面积映射方程为

$$\begin{cases} p_{n+1} = p_n + K\sin(\theta_n) \\ \theta_{n+1} = \theta_n - L\sin(p_{n+1}) \end{cases} \tag{3.8}$$

周期驱动的 Harper 映射形式很简单，但是随着参数 K, L 的变化，它在相空间具有复杂的动力学行为。在不对称的情况下 $(K \neq L)$，如果 K 和 L 都比较小，则相空间被 KAM 环面分成多层。在对称情况下，且 $K = L \to 0$ 时，系统是经典可积的；随着 $K = L$ 的增大，相空间中出现混沌，KAM 环面被不断破坏，规则运动和混沌运动同时存在；当 $K = L > 0.63$ 时，出现大范围混沌运动，此时系统因为非线性作用的增强而出现运动对初始状态的指数敏感性。图 3.1 示出模型参数 $K = L$ 取不同值时映射 (3.8) 的相图，在 4 个子图中取约 1600 个相同的初始点各

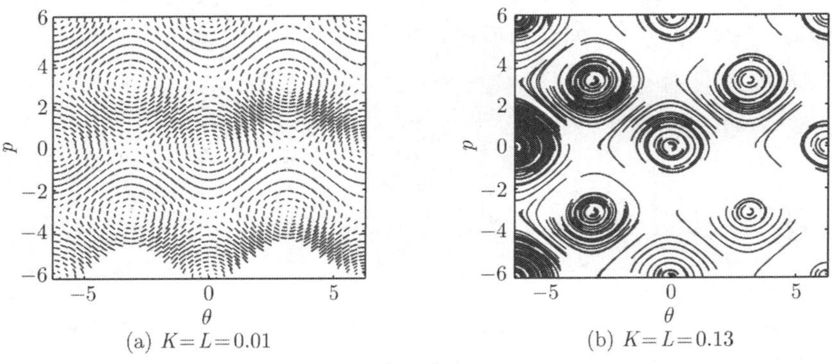

(a) $K = L = 0.01$ (b) $K = L = 0.13$

图 3.1 Harper 映射 (3.8) 的 (θ, p) 相平面结构。图 (a)~(d) 分别对应参数 $K = L = 0.01, 0.13, 0.5$ 和 0.7

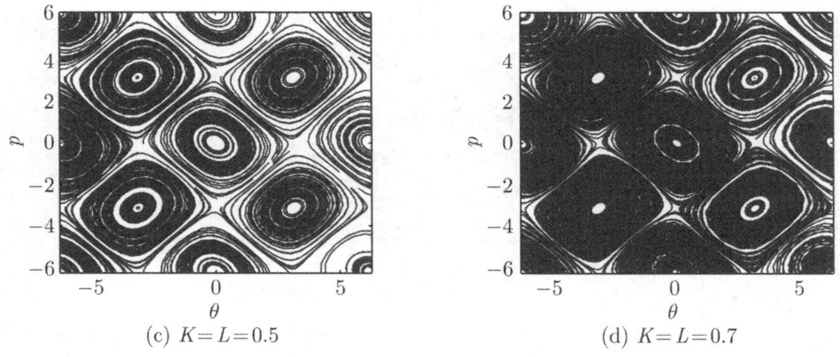

图 3.1 续

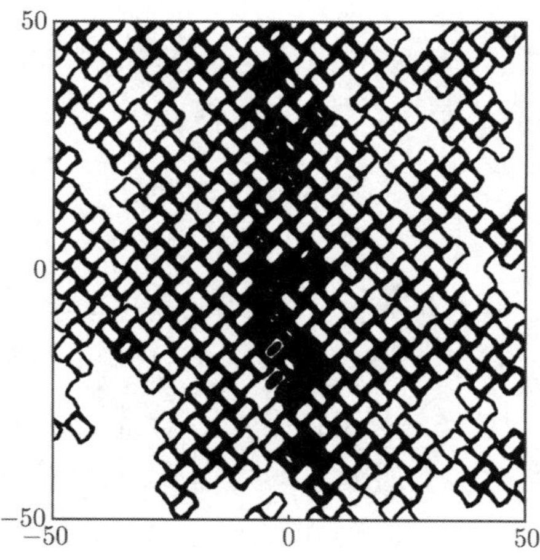

图 3.2 Harper 映射 (3.8) 在 (θ, p) 相平面的随机网结构

迭代 30 次。由于函数的周期性，Harper 映射 (3.8) 的相空间充满了这样结构相同、尺寸为 $2\pi\times 2\pi$ 的单元。当模型为近可积时，在相空间分界线附近出现大片的可积区域被混沌轨道包围的随机网结构 (stochastic web)。图 3.2 示出了当 $K=L=1.4$ 时，约 100 个初始相点各迭代 1000 次后相平面的随机网结构。

3.2 量子混沌

3.2.1 周期驱动量子系统的 Floquet 算符

通过对一些经典混沌系统进行量子化，可以得到它们对应的量子混沌系统[3]。例如，类似于 Harper 映射 (3.7) 的周期驱动系统，具有如下一般形式的哈密顿量：

$$H(t) = H_0 + V_0 \sum_n \delta(t - n\tau) \qquad (\tau\text{为驱动周期}) \tag{3.9}$$

在对这类系统进行量子化时，首先使用一个宽度为 $\Delta\tau$、高度为 $(\Delta\tau)^{-1}$ 的脉冲代替式 (3.9) 中的 δ-函数，

$$H(t) = \begin{cases} H_0, & n\tau < t < (n+1)\tau - \Delta\tau \\ H_0 + \dfrac{1}{\Delta\tau}V_0, & (n+1)\tau - \Delta\tau < t < (n+1)\tau \end{cases} \tag{3.10}$$

由于哈密顿量是分段定常的，所以可以通过对上式的直接积分得到系统单周期 τ 内的演化算符 (Floquet 算符)。在 $0 < t < \tau - \Delta\tau$ 时

$$U(t) = \exp\left(-\frac{\mathrm{i}}{\hbar}H_0 t\right) \tag{3.11}$$

而在 $\tau - \Delta\tau < t < \tau$ 内

$$U(t) = \exp\left[-\frac{\mathrm{i}}{\hbar}\left(H_0 + \frac{1}{\Delta\tau}V_0\right)(t - \tau + \Delta\tau)\right]U(\tau - \Delta\tau) \tag{3.12}$$

因此 Floquet 算子为

$$F = U(\tau) = \exp\left[-\frac{\mathrm{i}}{\hbar}\left(H_0 + \frac{1}{\Delta\tau}V_0\right)\Delta\tau\right]\exp\left[-\frac{\mathrm{i}}{\hbar}H_0(\tau - \Delta\tau)\right] \tag{3.13}$$

在 $\Delta\tau \to 0$ 时，

$$F = \exp\left(-\frac{\mathrm{i}}{\hbar}V_0\right)\exp\left(-\frac{\mathrm{i}}{\hbar}H_0\tau\right) \tag{3.14}$$

根据上述量子化过程，对哈密顿量 (3.7) 进行量子化，得到 QKH 模型波函数 $|\psi\rangle$ 的单周期演化方程：

$$\begin{aligned} |\psi_{n+1}\rangle &= \hat{F}|\psi_n\rangle \\ &= \mathrm{e}^{-\mathrm{i}L\cos(\hbar\hat{p})/\hbar}\mathrm{e}^{-\mathrm{i}K\cos(\hat{\theta})/\hbar}|\psi_n\rangle \end{aligned} \tag{3.15}$$

其中 $\hat{F}$ 为 Floquet 算符，$\hat{p}$ 和 $\hat{\theta}$ 分别为动量和位置算符，$\hat{p} = -\mathrm{i}\partial/\partial\theta$。当 $\hbar \to 0$，L 和 K 取常数时，得到 Floquet 算子的半经典极限。不失一般性，在假定驱动周期 $\tau = 1$ 时，可以将上述演化方程写为

$$|\psi_{t+1}\rangle = \mathrm{e}^{-\mathrm{i}L\cos(\hbar\hat{p})/\hbar}\mathrm{e}^{-\mathrm{i}K\cos(\hat{\theta})/\hbar}|\psi_t\rangle \tag{3.16}$$

通常情况下，设定相空间在 θ 方向上的单元数固定为 1 ，而允许其在 p 方向上扩张，这样有效 Planck 常量被设定为 $\hbar/(2\pi) = 1/[6 + 1/((\sqrt{5} - 1)/2)]$。此时增加量子仿真算法的量子比特个数意味着相空间在 p 方向上的改变[4]。只有当分析 QKH 模型相空间的随机网时，相空间才会在 p 和 θ 两个方向上同时扩张。

3.2.2 量子 Harper 模型的量子仿真

周期驱动量子系统的经典仿真通常采用快速傅里叶变换 (FFT) 的方法在 p 表象和 θ 表象之间进行表象变换，然后在各自表象内对 Floquet 算子 $\hat{F}$ 的两个因子 $\hat{U}_p = \mathrm{e}^{-\mathrm{i}L\cos(\hbar\hat{p})/\hbar}$ 和 $\hat{U}_\theta = \mathrm{e}^{-\mathrm{i}K\cos(\hat{\theta})/\hbar}$ 做对角阵乘法。量子仿真算法采用相同的算法结构，但是利用量子计算的并行性对算法的每一步加速。量子仿真算法基于量子傅里叶变换，其方法是通过在 p 表象和 θ 表象之间进行 QFT 及其逆变换把 $\hat{U}_p$ 和 $\hat{U}_\theta$ 在各自表象下分别简化为对角阵，然后用单比特和双比特量子门实现 QFT 和这两个对角阵[5]。

QKH 的量子仿真算法相对较为复杂，需要附加量子寄存器或者采用多项式逼近等方法实现余弦函数。文献 [4] 中提出的短时间片分解逼近算法只需附加一位量子比特，考虑到当前量子计算的物理实现问题，这种方法无疑具有更大的可行性。QKH 仿真算法步骤如下：

(1) 初态制备。对于一个有 n_q 个量子比特的量子系统，动量算符 $\hat{p}$ 共有 $N = 2^{n_q}$ 个本征态。令 $\hat{p}$ 的每一个本征态 $|p_j\rangle, j = 0, \cdots, N-1$, 与一个 n_q 位的量子寄存器基态一一对应，即 $\hat{p}$ 的本征值 $p_j = \sum\limits_{i=0}^{n_q-1} \lambda_i 2^i$，其中 $\lambda_i = 0, 1$。波函数 $|\psi\rangle$ 在 p 表象 (即以动量算符 $\hat{p}$ 的本征态为基态构成的表象) 下表示为 $|\psi\rangle = \sum\limits_{j=0}^{N-1} a_j |p_j\rangle$，其中 a_j 满足概率之和为 1 的归一化条件 $\sum\limits_j |a_j|^2 = 1$。将 $|\psi\rangle$ 置为初始状态，例如对于初态 $|\psi(0)\rangle = |N/2\rangle$，只需对基态 $|00\cdots0\rangle$ 进行一个量子比特的操作即可。所有辅助量子比特设为基态。

(2) p 表象到 θ 表象变换。使用第 2.3.1 节介绍的 QFT 把 $|\psi\rangle$ 从 p 表象转化为 θ 表象，QFT 酉演化算符可以用基本量子门表示为

$$U_{\mathrm{QFT}} = \widetilde{R} \prod_{i=0}^{n_q-1} \{H_i \prod_{l=i+1}^{n_q-1} B_{il}^{(c)}(\varphi)\} \tag{3.17}$$

其中 $\widetilde{R}$ 表示逆转量子比特顺序的酉运算，$H_i, B_{il}^{(c)}(\varphi)$ 分别表示作用在第 i 个量子比特上的 Hadamard 门和受控相移门。经过 QFT 变换，波函数 $|\psi\rangle = \sum\limits_{j=0}^{N-1} \beta_j |\theta_j\rangle$，其中 θ_j 为 N 个离散化角度的二进制表示。

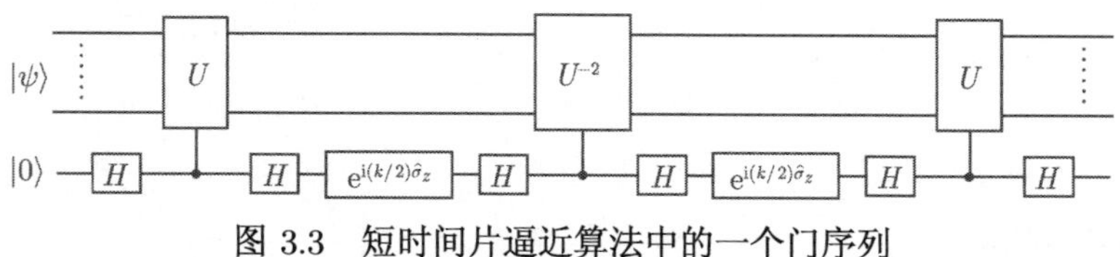

图 3.3　短时间片逼近算法中的一个门序列

(3) 在 $\hat{U}_\theta$ 下演化。在 θ 表象下 $\hat{U}_\theta$ 为对角阵，其作用结果相当于对每一个 θ_j 做相移 $\mathrm{e}^{-\mathrm{i}K\cos(\theta)/\hbar}$。在短时间片分解逼近算法中，对一般形式的 $\mathrm{e}^{-\mathrm{i}T\cos(m\hat{\theta})}$，将其分解为 n_s 个门序列 $M(k,U)$ 的乘积。$M(k,U)$ 门序列如图 3.3 所示，每一个门序列为

$$M(k,U)=HC_UH\mathrm{e}^{\mathrm{i}(k/2)\hat{\sigma}_z}HC_{U^{-2}}H\mathrm{e}^{\mathrm{i}(k/2)\hat{\sigma}_z}HC_UH \tag{3.18}$$

其中 $\hat{\sigma}_z$ 表示 Pauli-Z 门，它和 Hadamard 门一起作用在初态为 $|0\rangle$ 的附加量子比特上。C_U 表示受控 U 运算，它作用在 $|\psi\rangle$ 上。若取 $U=\mathrm{e}^{\mathrm{i}m\theta}$，则 $M(k,U)$ 近似为

$$\begin{aligned}M(k,U)&=\cos^2\frac{k}{2}-\sin^2\frac{k}{2}\frac{U^2+U^{-2}}{2}+\mathrm{i}\sin k\frac{U+U^{-1}}{2}\hat{\sigma}_z-\mathrm{i}\sin^2\frac{k}{2}\frac{U^2-U^{-2}}{2\mathrm{i}}\hat{\sigma}_x\\&=I+\mathrm{i}k\frac{U+U^{-1}}{2}\hat{\sigma}_z+O(k^2)\\&=I+\mathrm{i}k\cos(m\theta)\hat{\sigma}_z+O(k^2)\\&\approx\mathrm{e}^{\mathrm{i}k\cos(m\hat{\theta})}\end{aligned}$$

令 $k=\dfrac{-T}{n_s}$，则

$$\mathrm{e}^{-\mathrm{i}T\cos(m\hat{\theta})}\approx M^{n_s}(k,U) \tag{3.19}$$

因此当 $m=1$，$T=K/\hbar$ 时，$\hat{U}_\theta$ 可用 n_s 个 $M(k,U)$ 近似。

(4) 使用 QFT 逆变换转化为最初的 p 表象。

(5) 重复步骤 (3) 实现 $\hat{U}_p$ 下的演化。

文献 [4] 中对 QKH 模型的能谱等的仿真表明，反比参与率 (IPR) 等系统特征量随着步骤 (3) 中 n_s 增加表现出很好的收敛性。经过一系列数值实验，在以下的数值仿真中选取 $n_s=100$。实现 QKH 量子仿真算法只需要附加一位量子比特，进行一次迭代至多需要 $n_q^2+(4n_q+18)n_s+6n_q$ 个基本量子门，而利用 FFT 对 QKH 的一次经典仿真则需要 $O(n_q2^{n_q})$ 次运算。因此量子仿真算法能够实现对经典仿真算法的指数加速，在小于 10 个量子比特的情况下，即可实现对量子系统的有效模拟。

量子 Harper 模型具有很多特殊的量子特性，例如分形谱[6]、动态局域化[7]、反常扩散现象[8] 和特殊的随机网结构等。其中动态局域化是表征量子混沌运动的重要特征之一，它是由于量子相干作用抑制了动量的混沌扩散，导致波函数的指数局域化[9]。而且动态局域化现象与紊乱晶格中电子的安德森局域化 (Anderson localization) 非常类似。但是根据 K 和 L 的不同，QKH 模型在 (K,L) 二维平面上具有较为特殊的复杂的局域化现象[4]。当 K 较小时演化算符在动量空间的几乎所

有特征状态都表现出局域化，但是随着 K 的增大，越来越多的特征状态表现出遍历性。

使用上述量子仿真算法，选取 $n_q = 8$ 个量子比特，对 QKH 模型的动态局域化现象进行了仿真。图 3.4 给出了对应初始状态 $|\psi\rangle = |0\rangle$ 时，周期驱动的量子 Harper 模型经过 800 次演化后的结果。图中横坐标表示动量算符 $\hat{p}$ 的 N 个本征态，纵坐标为每个本征态对应的复系数的模的平方 (取常用对数)。图 3.5 示出了初态 $|\psi\rangle = |N/2\rangle$ 的演化结果。比较图 3.4 和图 3.5 可以看出，无论初始状态如何，当 QKH 模型处于规则运动 (即 $K = 0.01, L = 5$ 时)，动量空间的指数局域化现象都

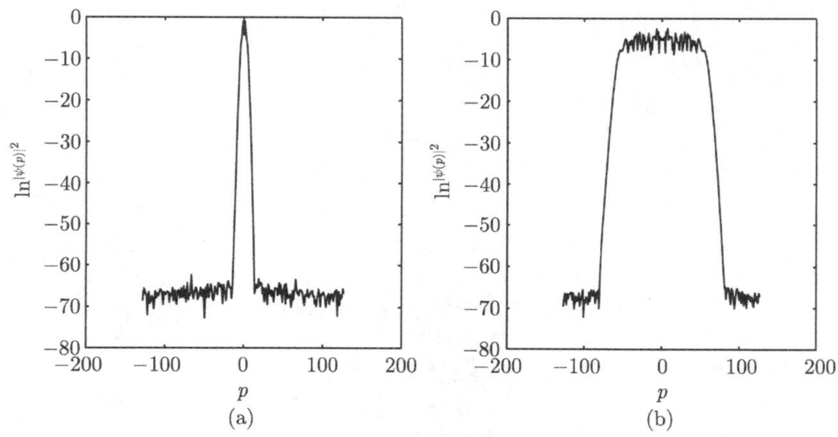

图 3.4　QKH 波函数的动态局域化及其扩散现象 (初始态 $|\varphi\rangle = |0\rangle$ 时)。图 (a) 对应规则运动 $(K = 0.01, L = 5)$；图 (b) 对应混沌运动 $(K = 2, L = 5)$

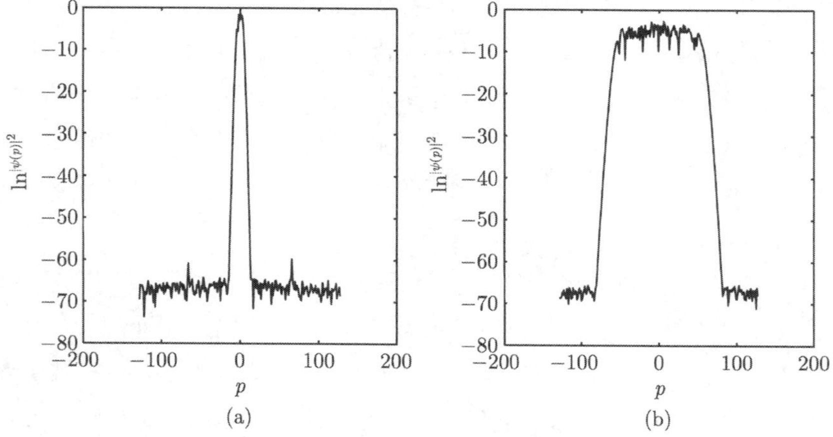

图 3.5　QKH 波函数的动态局域化及其扩散现象 (初始态 $|\varphi\rangle = |N/2\rangle$ 时)。图 (a) 对应规则运动 $(K = 0.01, L = 5)$；图 (b) 对应混沌运动 $(K = 2, L = 5)$

非常明显，此时波函数只在极少数的本征态上具有较大的概率幅值；而当 QKH 模型出现混沌运动 (即 $K = 2, L = 5$ 时)，出现局域化与非局域化状态并存的 QKH 特有现象。这与 QKH 模型理论上的能谱特性是完全一致的[8]。

3.2.3 量子陀螺模型中的分形特征

分形是经典混沌系统的重要特征之一。在经典的欧氏几何中，人们使用直线、圆、球以及立方体等对墙、车轮和建筑物等进行抽象和描述；然而自然界中却存在许多极其复杂的几何图形，例如海岸线、树叶、云彩等，它们难以用传统的几何形状加以描述，因为它们不具有我们所熟悉的“连续、光滑”这些基本性质。1975 年，美国 IBM 公司的数学家 B. B. Mandelbrot 首次提出了分形的概念，此后分形就成为描述自然界中许多不规则事物的规律性的科学。

量子混沌系统中的分形特征也同样引起了人们的关注。Berry 等研究了演化着的量子波包的时间和空间分形[10]。文献 [11]、[12] 研究了自旋链的保真度时间序列，表明当自旋粒子之间的静态干扰超出某一阈值时，保真度的波动可以用一个分形维数来描述，并且进一步指出，当量子计算机运行一个量子算法时，保真度波动的分形维数非常明显地依赖于所仿真系统的混沌程度。文献 [13] 使用数值计算研究了近可积量子系统波函数的多分形特性。本节以开放量子陀螺模型为例，研究保真度波动以及动态局域化行为中的分形特性。

周期驱动的量子陀螺是量子混沌研究中常用的数学模型之一。它于 1987 年被首次提出，描述 $N=2j+1$ 维 Hilbert 空间中的自旋粒子动力系统 [14-17]。它的哈密顿量为

$$H(t) = \frac{\hbar\alpha}{2j\tau} J_z^2 + \hbar\gamma J_y \sum_{m=-\infty}^{\infty} \delta(t - m\tau) \tag{3.20}$$

其中 J_x, J_y, J_z 是角动量算符，$\hbar J = \hbar(J_x, J_y, J_z)$ ，并且满足 $[J_i, J_j] = \mathrm{i}\varepsilon_{ijk}\hat{J}_k$。该哈密顿量中的 J_y 项描述时间间隔为 τ 的周期驱动，J_z^2 项代表自由进动。参数 α 和 γ 决定了受击量子陀螺模型的动力学性质，$\hbar = 1/N$。受击量子陀螺模型已经在实验上用冷原子系统实现[18]。

受击量子陀螺的 Floquet 单周期酉演化算符为

$$U = \exp\left(-\mathrm{i}\alpha\frac{J_z^2}{2j}\right)\exp(-\mathrm{i}\gamma J_y) \tag{3.21}$$

为了便于分析，我们取 $\tau=1$。在 $N \to \infty$ 的极限情况下，经典陀螺映射可看做关于

球体 $r=(X,Y,Z)$ 上的一个单位向量的如下映射：

$$\begin{aligned}
X_{n+1}&=\cos\gamma\big(X_n\cos(\alpha Z_n)-Y_n\sin(\alpha Z_n)\big)+Z_n\sin\gamma\\
Y_{n+1}&=Y_n\cos(\alpha Z_n)+X_n\sin(\alpha Z_n)\\
Z_{n+1}&=Z_n\cos\gamma-\sin\gamma\big(X_n\cos(\alpha Z_n)-Y_n\sin(\alpha Z_n)\big)
\end{aligned}\tag{3.22}$$

上述映射中的直角坐标 (X,Y,Z) 和球坐标 (θ,ϕ) 有如下对应关系：

$$X=\sin\theta\cos\phi,\quad Y=\sin\theta\sin\phi,\quad Z=\cos\theta\tag{3.23}$$

通常把模型 (3.22) 中参数 γ 设为 $\pi/2$，这样经典陀螺映射的动力特性仅依赖于参数 α。对于小的 α 值，相空间充满 KAM 不变曲线。当 $\alpha=3$ 时，大部分不变曲线被破坏；对更大的 α，系统最终进入全局的混沌。对于不同的 γ,α 参数值，经典陀螺映射在 (θ,ϕ) 相平面上的运动见图 3.6。从图中可以清楚地观察到，相空间中包含有规则运动区域以及一个在点 $(\theta=0.89,\phi=0.63)$ 附近的稳定岛。

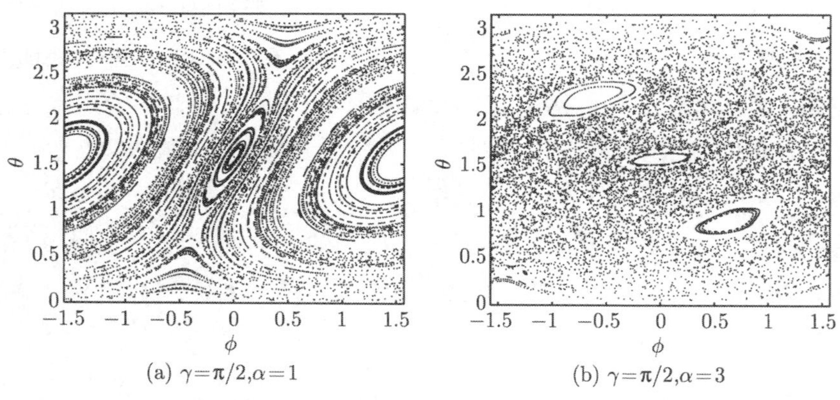

(a) $\gamma=\pi/2,\alpha=1$　　(b) $\gamma=\pi/2,\alpha=3$

图 3.6　经典陀螺映射 (3.22) 的相平面。每幅图中有 120 个初始点，每个初始点经过 180 次迭代映射

在分析量子运动稳定性时，量子保真度是重要指标之一，它被定义为[16]

$$f(t)=|\langle\psi(t)|\psi_\varepsilon(t)\rangle|^2\tag{3.24}$$

其中 $|\psi(t)\rangle$ 是对应初始状态 $|\psi(0)\rangle$ 的自由演化 t 时间后的状态，而 $|\psi_\varepsilon(t)\rangle$ 则是对应同一初始状态 $|\psi(0)\rangle$ 的受到扰动影响的状态。在封闭的量子陀螺模型中，受扰量子态 $|\psi_\varepsilon(t)\rangle$ 根据酉算符 U_ε 进行演化，

$$U_\varepsilon=\exp\left(-\mathrm{i}(\alpha+\varepsilon)\frac{J_z^2}{2J}\right)\exp(-\mathrm{i}\gamma J_y)\tag{3.25}$$

其中 ε 表示干扰的强度。为了分析保真度的衰减特性，我们选择一个相干态作为初始状态 $|\psi(0)\rangle$，

$$\begin{aligned}|\psi(0)\rangle &= R(\theta,\phi)|j,j\rangle \\ &= \mathrm{e}^{\mathrm{i}\theta[J_x \sin\phi - J_y \cos\phi]}|j,j\rangle \end{aligned} \tag{3.26}$$

图 3.7 中分别显示了规则运动和混沌运动时保真度的衰减曲线。初始状态为图 3.6 (b) 中混沌区域的中心 $(\theta = 2.0, \phi = 0.63)$，虚线对应 $\alpha = 1, \gamma = \pi/2$ 时的规则运动，实线对应 $\alpha = 10, \gamma = \pi/2$ 时的混沌运动，$J = 50$, 干扰强度 $\varepsilon = 1 \times 10^{-3}$。从图 3.7 中可以看出混沌运动时的保真度波动与规则运动时存在明显的差异。

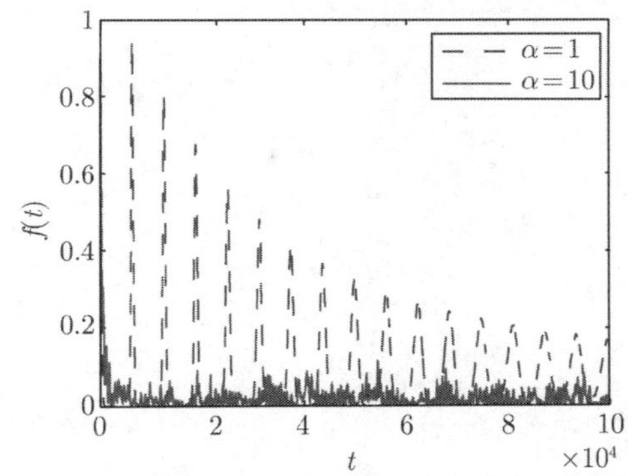

图 3.7 量子陀螺的保真度随时间演化的衰减曲线

为了定量地表示保真度波动曲线之间的差异，揭示其动力学方面的信息，我们使用一种精细的盒计数方法来计算保真度波动信号的分形维数 [11, 12]。在通常的盒计数方法中，使用边长为 L 的正方形盒子来覆盖数据点，计算出完全覆盖数据点所用的盒子数目 $M(L)$，一条曲线的分形维数 D 被定义为

$$D = -\lim_{L\to 0} \log_L M(L) \tag{3.27}$$

在精细的盒计数方法中，使用长方形的盒子代替了通常盒计数方法中的正方形的盒子，因此克服了所得分形维数依赖于图形的长宽比的缺陷。在实际的计算中，上式中 $L \to 0$ 的极限是无法取得的。实际计算中通常取 $8 \sim 10$ 个点，然后根据这些点使用最小二乘拟合的方法得出一条直线，该直线的斜率即为分形维数的一个近似估计。

针对图 3.7 中的两条曲线使用精细盒计数法计算其分形维数。对于混沌运动，为了避免保真度波动的过渡过程影响，取其稳定以后的部分进行分析。当使用 8 个

数据点进行拟合时，如图 3.8 所示，图中方块对应规则运动，星形对应混沌运动，点划线和直线分别为相应数据点的最小二乘法拟合结果。拟合出混沌运动时的分形维数为 $D=1.58$，而可积运动时的分形维数 $D=1.14$。并且该计算结果与文献 [11] 中的结论一致，这进一步论证了保真度的分形波动可以作为量子混沌运动的特征之一。为了分析以上计算结果的准确性，使用 $7\sim10$ 个数据点对保真度波动进行多次线性拟合，统计结果示于表 3.1。表中前 4 列为精细盒计数法对 $7\sim10$ 个数据点的拟合结果的统计分析，最后 1 列为使用去趋势波动分析 (DFA) 方法计算出的分形维数，以和精细盒计数方法的结果进行比较。从表中可以看出，DFA 方法给出的分形维数和精细盒计数方法给出的均值几乎一致。

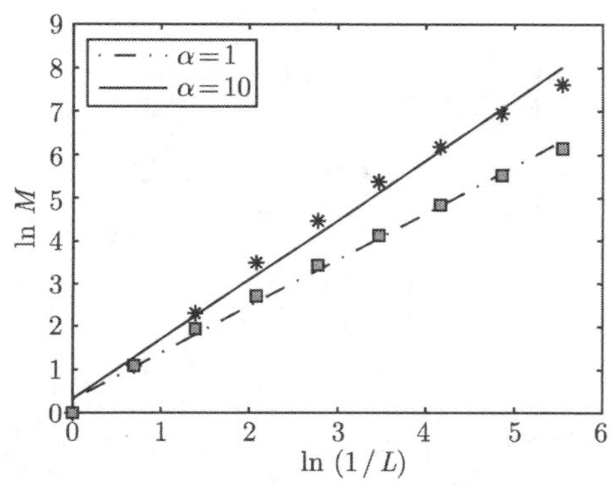

图 3.8　图 3.7 中保真度波动信号的精细盒计数法结果及最小二乘拟合直线

表 3.1　保真度波动曲线的分形维数统计分析

	均值	最大值	最小值	标准差	DFA 方法
图 3.7 中的虚线	1.07	1.12	1.03	0.03	1.10
图 3.7 中的实线	1.35	1.45	1.24	0.09	1.41

对于开放的量子系统，它的状态是用密度矩阵而不是一个纯态来描述。当与环境存在相互作用时，开放的周期驱动量子陀螺的密度矩阵演化由 Lindblad 形式的主方程描述,

$$\frac{\mathrm{d}\rho}{\mathrm{d}t}=-\frac{\mathrm{i}}{\hbar}[\hat{H},\rho]-\frac{1}{2}\{C^{\dagger}C,\rho\}+C\rho C^{\dagger} \tag{3.28}$$

其中 ρ 是系统的密度算符，$C=\varepsilon_d\cdot J_-$ 是描述粒子自发发射的坍缩算符，ε_d 是自发发射速率，$[\cdot,\cdot]$ 和 $\{\cdot,\cdot\}$ 分别表示对易和反对易运算,

$$[a,b]=ab-ba$$

$$\{a,b\}=ab+ba$$

在量子光学领域，基于 Lindblad 形式主方程的开放量子系统仿真已经得到广泛研究[19]。在开放量子系统的非酉演化过程中，两个密度矩阵 ρ_1 和 ρ_2 的量子保真度为

$$f(\rho_1,\rho_2)=\left[\mathrm{tr}\sqrt{\rho_1^{1/2}\rho_2\rho_1^{1/2}}\right]^2 \tag{3.29}$$

开放量子受驱陀螺的保真度衰减见图 3.9。图中虚线对应 $\alpha=1,\gamma=\pi/2$ 时的规则运动，实线对应 $\alpha=10,\gamma=\pi/2$ 时的混沌运动，$J=8,\varepsilon_d=0.5$。与图 3.7 相似，保真度的波动在可积运动和混沌运动时具有显著差异。使用精细盒计数方法，计算图 3.9 中曲线的分形维数得：规则运动时分形维数为 $D=1.17$，混沌运动时分形维数为 $D=1.29$。为了表明开放量子陀螺的保真度波动和其动力特性之间的关系，图 3.10 进一步显示了随着自发发射率 ε_d 的增加，开放量子陀螺在 $\alpha=1$ 和 $\alpha=10$ 时的分形维数。图中每一个数据点都是 3 个不同初始状态的统计平均。

从图 3.10 可以看出，当自发发射率 ε_d 较高时，对应于混沌运动的分形维数达

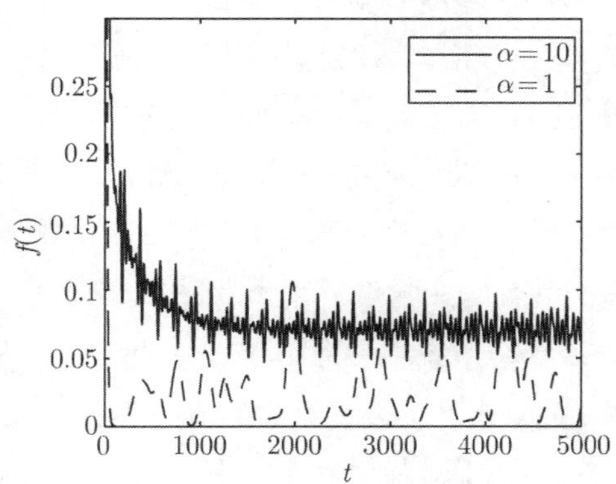

图 3.9　开放量子陀螺的保真度衰减

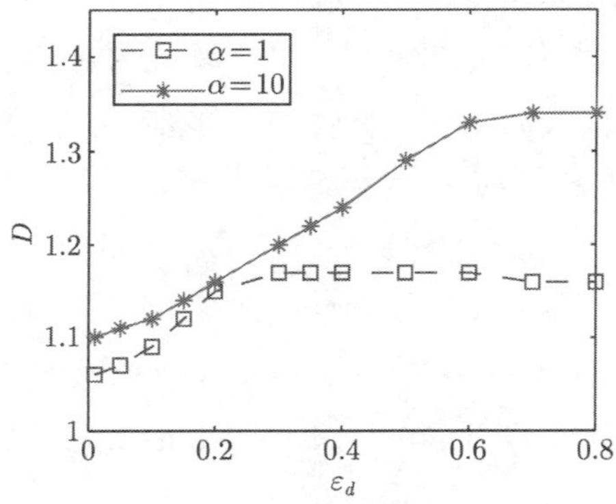

图 3.10　保真度波动的分形维数随自发发射率 ε_d 的变化

到一个饱和值；而对应于规则运动的饱和值相对较小，此时其相应的自发发射率也较小。当自发发射率 ε_d 小于 0.4 时，两种情形的分形维数差别较小。

3.3 随机矩阵理论

在量子力学中，薛定谔方程是研究量子体系动力学问题的基本方程，它描述量子态随时间的演化规律。尽管这个方程初看起来比较简单，但是实际上能够精确求解的只是其中很小的一部分。随着系统复杂性的增加，人们不得不对系统进行各种近似运算。但是对于一些多体系统，即使进行一些好的近似也非常困难。为了寻找这类复杂系统的物理信息，必须采用另外的一些方法。在这种背景下，Wigner 提出利用随机矩阵理论处理复杂多体量子系统的本征值和本征向量的统计问题[20, 21]。Wigner 在研究原子核的能级间隔分布时认识到了本征值统计的重要性，并且发现原子核能级在统计规律上与随机厄米矩阵的本征值类似。随后 Dyson 为随机矩阵理论建立了数学基础，根据时间反演变换的不变性将随机矩阵划分为三种系综 (ensemble)。1977 年 Berry 和 Tabor 提出一个对应经典可积的量子系统的能级分布与随机数相似。Bohigas, Giannoni 和 Schmit 等发现量子混沌系统的能级序列的统计特性符合随机矩阵理论的预测。在这些开创性工作的基础上，随机矩阵理论取得了很大进步，文献 [22] 对其历史发展做了很好的回顾。

随机矩阵理论在许多复杂系统中都取得了成功应用，其范围覆盖了量子力学、石英晶体中的声音共振、金融市场以及复杂网络等许多领域。本节简要介绍与复杂量子动力系统相关的内容，至于黎曼 ζ-函数 (Riemann ζ-function) 以及超对称方法 (supersymmetry method) 等其他随机矩阵理论相关内容见文献 [23]。

随机矩阵并不是所有元素都为随机数的矩阵，它必须满足一定的对称性要求。比如一个系统具有时间反演下的对称性，那么其哈密顿量 $\hat{H}$ 就是一个实对称厄米阵；如果系统没有时间反演下的对称性，其哈密顿量就是一个复厄米阵。一个随机矩阵的概率分布 $P(\hat{H})$ 应在基变换下保持不变，即 $P(\hat{H}) = P(\hat{H}')$，其中 $\hat{H}'$ 为 $\hat{H}$ 在某种基变换后的矩阵。实对称厄米阵的概率分布在正交变换下保持不变，而复厄米阵在酉变换下保持不变。根据这些性质，将实对称随机矩阵称为高斯正交系综 (Gaussian orthogonal ensemble, GOE)；将复厄米随机矩阵称为高斯酉系综 (Gaussian unitary ensemble, GUE)。它们的概率分布函数的一般形式为

$$P(\hat{H}) = C\exp(-a\,\mathrm{tr}\,\hat{H}^2) \tag{3.30}$$

其中 C, a 为常数，tr 表示矩阵的迹。

在量子混沌研究中，能谱统计和本征函数的统计分析是了解系统动力特性的重要工具[24]。当矩阵维数 $N \to \infty$ 时，GOE 和 GUE 的本征值序列 $\{E_i, i = 1, \cdots, N\}$ 的平均密度函数满足 Wigner 半圆律 (Wigner semicircle law):

$$\bar{\rho}(E) = \begin{cases} \sqrt{1 - \left(\dfrac{\pi E}{2N}\right)^2}, & |E| < \dfrac{2N}{\pi} \\ 0, & |E| > \dfrac{2N}{\pi} \end{cases} \tag{3.31}$$

然而随机矩阵理论主要关注的并不是量子系统的能级序列的总体分布情况，它主要关注这些能级对平均能级密度的波动情况。因此为了分析和比较不同系统对应的能级序列的波动特性，需要将一个能级序列 $\{E_i, i = 1, \cdots, N\}$ 的整体能级密度造成的影响消除，产生一个新的能级序列 $\{e_i\}$，使得 $\{e_i\}$ 的平均能级间隔为 1。这一过程称为展平化 (unfolding)。在对能级序列 $\{E_i\}$ 进行展平化时，首先定义 $N(E) = \sum\limits_i \Theta(E - E_i)$ 为能级序列中小于 E 的能级数目，它被称为能级的累加密度函数，而且它是一个阶梯状函数。该阶梯状函数 $N(E)$ 可以被分解为一个光滑函数 $\bar{N}(E)$ 和一个波动函数 $N_{osc}(E)$ 之和，

$$N(E) = \bar{N}(E) + N_{osc}(E) \tag{3.32}$$

其中波动部分 $N_{osc}(E)$ 被认为仅依赖于量子系统经典对应的可积或混沌性质[3]。同理，能级密度 $\rho(E) = \dfrac{\mathrm{d}N(E)}{\mathrm{d}E}$ 也可以分解为

$$\rho(E) = \bar{\rho}(E) + \rho_{osc}(E) \tag{3.33}$$

为了在不同系统能谱之间比较它们的统计特性，需要将平均能级密度 $\bar{\rho}(E)$ 设置为常数 (通常为 1)。通过映射

$$e_i = \bar{N}(E_i) \tag{3.34}$$

即得到展平化之后的能级序列 $\{e_i\}$。$\{e_i\}$ 的平均能级间隔为 1，但是保留了系统的其他特性。在实际运用展平化处理能级序列时，由于通常得不到 $\bar{N}(E)$ 的解析形式，一般采用对有限数目的数据点进行多项式数据拟合的方法求出 $\bar{N}(E)$。

本征值的最近邻能级间隔的统计分布函数 $P(s)$ 是描述能谱统计特性的最常用函数。最近邻间隔即指展平化后的顺序排列的相邻能级之差 $s_i = e_{i+1} - e_i$。经典可积量子系统的 $P(s)$ 函数服从泊松 (Poisson) 分布

$$P(s) = \mathrm{e}^{-s} \tag{3.35}$$

高斯正交系综 GOE 的 $P(s)$ 函数是如下形式的 Wigner 函数:

$$P(s) = \frac{\pi}{2} s\, \mathrm{e}^{-\frac{\pi}{4}s^2} \tag{3.36}$$

它的本征值是相关的，并且表现出线性的能级排斥现象 (linear level repulsion)。高斯酉系综 GUE 的 $P(s)$ 分布是

$$P(s) = \frac{32}{\pi^2} s^2 \mathrm{e}^{-\frac{4}{\pi}s^2} \tag{3.37}$$

并且表现出二次的能级排斥现象 (quadratic level repulsion)。

在研究类似于 QKH 模型的周期驱动的量子动力系统时，通常将其 Floquet 算符的本征值表示成 $\lambda_i = \exp(-\mathrm{i}\phi_i)$ 的形式，其中 ϕ 被称为准能量 (quasienergy) 或本征相位 (eigenphase)。因为 Floquet 算符的本征值都分布在复平面的单位圆上，所以把随机酉矩阵系综称为圆系综。像随机厄米矩阵那样，随机酉矩阵基于对称性也可以分为圆正交系综 (circular orthogonal ensemble, COE) 和圆酉系综 (circular unitary ensemble, CUE)。圆正交系综和圆酉系综的准能量最近邻间隔分布分别与高斯正交系综和高斯酉系综的 $P(s)$ 相同。即经典可积量子系统的准能量与随机数的统计特性类似；经典混沌量子系统的准能量统计分布与随机酉系综的本征值分布相似。

能级的排斥现象也可以从其相关分布函数看出。对于高斯系综，本征值的相关分布函数为

$$P(E_1, \cdots, E_N) \sim \prod_{n>m} (E_n - E_m)^v \exp(-A \sum_n E_n^2) \tag{3.38}$$

其中 A 为常量，v 取值 1 和 2，分别对应 GOE 和 GUE。而当 $v = 0$ 时，所有本征值是不相关的，此时的 $P(s)$ 也即为泊松分布。

2-点关联函数 (2-point correlation function) 也是能谱分析中一个常用的函数。对 GUE 系综，2-点关联函数具有简单的形式[3]:

$$R_2(E) = 1 - \left[\frac{\sin(\pi E)}{\pi E}\right]^2 \tag{3.39}$$

它的互补量为二级群集函数 (two-level cluster function):

$$Y_2(E) = 1 - R_2(E) = \left[\frac{\sin(\pi E)}{\pi E}\right]^2 \tag{3.40}$$

对 GOE 系综，其表达式较为复杂:

$$Y_2(E) = \left[\frac{\sin(\pi E)}{\pi E}\right]^2 + \left[\frac{\pi}{2}\mathrm{sgn}(E) - Si(\pi E)\right]\left[\frac{\cos(\pi E)}{\pi E} - \frac{\sin(\pi E)}{(\pi E)^2}\right] \tag{3.41}$$

其中 sgn( ) 为 signum 函数

$$\operatorname{sgn}(E)=\begin{cases}1, & E>0\\ 0, & E=0\\ -1, & E<0\end{cases} \tag{3.42}$$

$Si(\ )$ 为 sine 函数的积分，

$$Si(x)=\int_0^x \frac{\sin t}{t}\mathrm{d}t \tag{3.43}$$

一个与 2-点关联函数 $R_2(E)$ 和二级群集函数密切相关，并且经常在实验中用于谱分析的量是 2- 点形状因子 (two-point form factor):

$$b_2(t)=\int_{-\infty}^{\infty} Y_2(E)\exp\left(-\frac{\mathrm{i}}{\hbar}Et\right)\mathrm{d}E \tag{3.44}$$

可以看出，它是二级群集函数的傅里叶变换。对于 GOE，2- 点形状因子为[23]

$$\begin{aligned}b_2(t)&=t\ln(2t+1)-\begin{cases}2t-1, & 0<t<1\\ 1+t\ln(2t-1), & 1<t\end{cases}\\ &=1-2t+t\ln(2t+1)+\theta(t-1)[2(t-1)-t\ln(2t-1)]\end{aligned} \tag{3.45}$$

其中 $\theta(t)$ 为单位阶跃函数。对于 GUE

$$b_2(t)=\begin{cases}1-t, & 0<t<1\\ 0, & 1<t\end{cases} \tag{3.46}$$

能谱的最近邻间隔分布 $P(s)$ 体现了能级的短距离相关性，而数目方差 $\Sigma^2(L)$ 则是反映能谱长距离相关性的重要统计量。对于展平化后的能级序列 $\{e_i\}$，数目方差定义为

$$\Sigma^2(L)=\langle n_L^2(x)\rangle_x-\langle n_L(x)\rangle_x^2 \tag{3.47}$$

其中 $n_L(x)$ 表示在一个长度为 L 的区间 $[x,x+L]$ 内含有能级 e_i 的数目，$\langle\cdot\rangle_x$ 表示对所有区间起点 x 的统计平均。对于展平化后的谱，其相邻能级的平均间隔为 1，因此 $\langle n_L(x)\rangle_x=L$。所以在任意一个长度为 L 的区间内，其包含的能级数目平均约为 $L\pm\sqrt{\Sigma^2(L)}$。对于不相关的泊松特征的谱，其 $\Sigma^2(L)=L$。而对 GOE 和 GUE 系综，其数目方差分别为

$$\begin{aligned}\Sigma^2_{\mathrm{GOE}}(L)&\approx\frac{2}{\pi^2}\left[\ln(2\pi L)+\gamma+1-\frac{\pi^2}{8}\right]\\ \Sigma^2_{\mathrm{GUE}}(L)&\approx\frac{1}{\pi^2}[\ln(2\pi L)+\gamma+1]\end{aligned}$$

其中 $\gamma\approx0.5772$ 为欧拉常数。

3.4 量子面包师映射

量子面包师映射是另一个得到广泛研究的量子混沌模型。经典面包师映射的形式比较简单，但是表现出很强的混沌行为。面包师变换按照以下方式将一个单位正方形内的点 $(0 \leqslant q \leqslant 1, 0 \leqslant p \leqslant 1)$ 映射到它本身：

$$(q,p) \to (q',p') = \begin{cases} \left(2q, \dfrac{1}{2}p\right), & \text{当} 0 \leqslant q \leqslant \dfrac{1}{2} \\ \left(2q-1, \dfrac{1}{2}p + \dfrac{1}{2}\right), & \text{当} \dfrac{1}{2} < q \leqslant 1 \end{cases} \tag{3.48}$$

上式的映射作用相当于面包师在 p 方向上挤压面团，在 q 方向上将其拉伸，而截取其中的一部分将其置于另一部分之上的动作使映射具有了混合 (mixing) 的特性。该映射对系统初始状态非常敏感，并且可以定量描述为最大 Lyapunov 指数$\lambda = \ln 2$[25](正的 Lyapunov 指数是刻画系统混沌运动的主要特征)。而且每一点处的稳定流形和不稳定流形与坐标轴平行。面包师映射有简单的符号动力学，可以使用二进制序列的 Bernoulli 移位表示[26]，将 q, p 分别表示为

$$\begin{aligned} q &= \sum_{i=1}^{\infty} a_i \left(\frac{1}{2}\right)^i \\ p &= \sum_{j=1}^{\infty} b_j \left(\frac{1}{2}\right)^j \end{aligned} \tag{3.49}$$

其中 a_i, b_j 为二进制数 0 和 1。则相空间中的一个点可以用双向无限的二进制序列表示为

$$(p,q) = (\cdots b_j \cdots b_2 b_1 \cdot a_1 a_2 \cdots a_i \cdots) \tag{3.50}$$

映射对这些符号的作用是将 q 的最高位移到 p，同时将 q 中的小数点右移一位，即

$$\begin{aligned} p' &= 0.a_1 b_1 b_2 b_3 \cdots \\ q' &= 0.a_2 a_3 a_4 \cdots \\ (p',q') &= (\cdots b_j \cdots b_2 b_1 a_1 . a_2 a_3 \cdots a_i \cdots) \end{aligned}$$

没有小数点的双向无限序列即是轨道在 $t = -\infty$ 到 $t = +\infty$ 时的符号表示，轨道上不同的点由小数点的不同放置位置取得，点的坐标可以通过式 (3.49) 计算得出。根据上面的符号动力学可以分析出面包师映射有不动点、周期轨道、稳定和不稳定流形以及混沌轨道等运动形式。

面包师映射 (3.48) 的量子化由 Balazs 和 Voros 于 1987 年提出[27]。对面包师映射量子化时，定义位置算符 q 和动量算符 p 的本征态分别为 $|q_j\rangle$ 和 $|p_k\rangle$，对应的本征值分别为 $q_j = j/N,\quad p_k = k/N$，其中 $j,k = 0,\cdots,N-1$，$N = 2^n$ 为 Hilbert 空间维数，n 为量子比特个数。则 q 算符和 p 算符之间的变换由离散傅里叶变换给出：

$$\langle p_k|F_n|q_j\rangle = \frac{1}{\sqrt{2^n}}\exp\left(\frac{2\pi\mathrm{i}\cdot kj}{2^n}\right) \tag{3.51}$$

因此量子面包师映射的波函数演化方程为[28]

$$|\psi_{k+1}\rangle = B|\psi_k\rangle = F_n^{-1}\begin{bmatrix} F_{n-1} & 0 \\ 0 & F_{n-1} \end{bmatrix}|\psi_k\rangle \tag{3.52}$$

其中 F_n^{-1} 为作用在 n 个量子比特上的量子傅里叶逆变换，F_{n-1} 为作用在第 0 到 $n-2$ 个量子比特上的量子傅里叶变换。面包师映射的演化矩阵 B 具有以下特性：

(1) 酉矩阵;

(2) 反酉对称性。

与式 (3.52) 对应的量子线路模型见图 3.11，其中的量子傅里叶算法由第 2.3.1 节介绍的基本量子门组成。为了使量子映射同经典映射一样具有反射对称性 (reflection symmetry)，Saraceno 提出了一种改进的量子化方法[26]，使用如下的 q, p 算符变换代替式 (3.51)

$$\langle p_k|F_n|q_j\rangle = \frac{1}{\sqrt{2^n}}\exp\left[\frac{2\pi\mathrm{i}\cdot(k+0.5)(j+0.5)}{2^n}\right] \tag{3.53}$$

量子面包师仿真算法在光学系统中已由实验实现[29]。量子面包师映射仿真算法的一次迭代共需要 $O(n^2)$ 个基本量子门，因此它可以实现量子面包师映射的有效模拟。

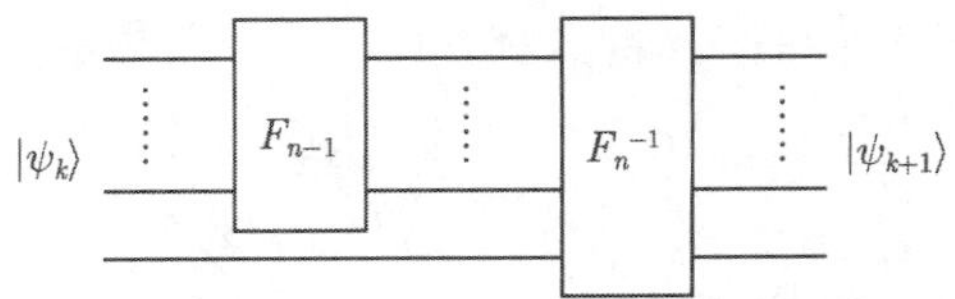

图 3.11 量子面包师映射进行 1 次迭代的量子仿真线路

为了分析量子面包师映射的动力特性，首先根据式 (3.52) 使用量子面包师映射仿真算法产生单次迭代 Floquet 算符。创建 Floquet 矩阵的方法基于如下事实：量子寄存器每一个基态经过一次演化将给出 Floquet 矩阵的一个对应列。例如对

于第一个基态

$$|i\rangle = \begin{bmatrix} 1 \\ 0 \\ 0 \\ \vdots \\ 0 \end{bmatrix} \tag{3.54}$$

经过 Floquet 算子的一次演化

$$\begin{aligned} \hat{F} \cdot |i\rangle &= \begin{bmatrix} F_{00} & F_{01} & \dots & F_{0,N-1} \\ F_{10} & F_{11} & \dots & F_{1,N-1} \\ \vdots & \vdots & & \vdots \\ F_{N-1,0} & F_{N-1,1} & \dots & F_{N-1,N-1} \end{bmatrix} \cdot \begin{bmatrix} 1 \\ 0 \\ \vdots \\ 0 \end{bmatrix} \\ &= \begin{bmatrix} F_{00} \\ F_{10} \\ \vdots \\ F_{N-1,0} \end{bmatrix} \end{aligned} \tag{3.55}$$

其演化后量子态即是 Floquet 算子的第 1 列。对 N 个基态依次进行一次演化，最终的 N 个量子态组合在一起即构成面包师映射的 Floquet 算子。

计算其最近邻能级间隔分布如图 3.12 所示。图中实线、点划线和虚线分别表示泊松分布 (3.35)、Wigner-Dyson 分布 (3.36) 和式 (3.37)。比较图中最近邻能级间隔分布可见，面包师映射的 $P(s)$ 分布与泊松分布近似，而不是理论分析上量子混沌系统对应的 GOE 或 GUE 分布。量子面包师映射的能谱统计与标准分布的不一致性在文献 [27] 中已经指出。Abreu 等在使用量子面包师算法产生纠缠态时发现，面包师映射的 Hilbert 空间维数是决定系统纠缠特性的一个关键参数。对于 Hilbert 空间维数为 2^n 的系统，即量子比特系统，量子面包师映射具有异常的纠缠特性；但是在其他维数的情况下，系统的特性与随机矩阵理论相一致[30]。并且推测产生这种现象的原因可能和系统所具有的伪对称性的个数有关。

为了验证面包师映射的特性与其 Hilbert 空间维数的关系，利用式 (3.51) 和式 (3.52) 直接产生 Floquet 算子，并且计算了 Hilbert 空间维数 $N = 2^7, 2^8$ 附近能谱的 $P(s)$ 分布 (图 3.13)。在 $N = 2^7$ 或 2^8 时，直接产生的 Floquet 算子能谱统计特性与面包师量子仿真算法的能谱统计类似，都显示出泊松分布；而在其他维数的情况下，系统显示出 GOE 分布。因此图 3.12 中准能量能级间隔分布与随机矩阵理论的不一致源于量子面包师映射 Hilbert 空间维数的特殊性，而且这种不一致也进一步验证了量子面包师映射仿真算法的正确性。

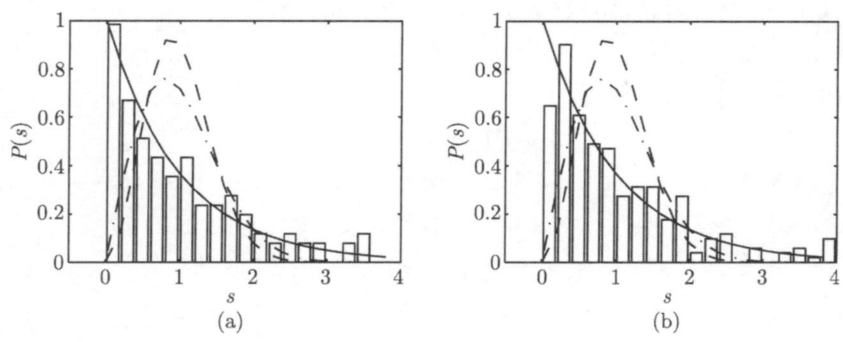

图 3.12 根据量子面包师仿真算法计算出的准能量最近邻能级间隔分布 $P(s)$。图 (a) 对应量子比特数目为 $n=7$，图 (b) 对应 $n=8$

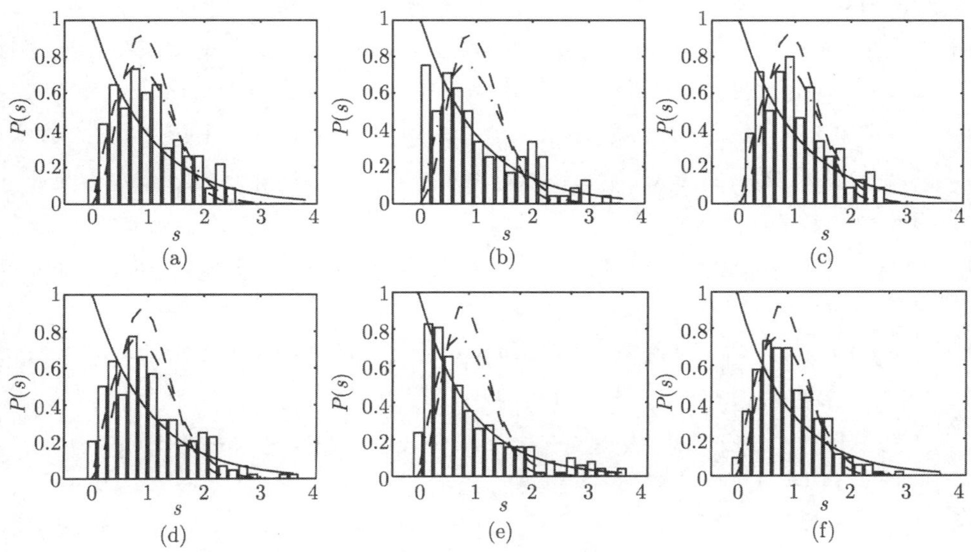

图 3.13 根据式 (3.51) 和式 (3.52) 计算出的准能量最近邻能级间隔分布。图 (a)~(c) 分别对应 Hilbert 空间维数 $N=124$, $N=2^7$ 和 $N=134$，图 (d)~(f) 分别对应 $N=246$, $N=2^8$ 和 $N=262$

参 考 文 献

[1] Li T Y, Yorke J A. Period three implies chaos. Amer Math Monthly, 1975, 82:985–992.

[2] Harper P G. Single band motion of conduction electrons in a uniform magnetic field. Proc Phys Soc A, 1955, 68:874–878.

[3] Stöckmann H J. Quantum Chaos: an Introduction. Cambridge: Cambridge University Press, 1999.

[4] Levi B, Georgeot B. Quantum computation of a complex system: the kicked Harper model. Phys Rev E, 2004, 70:056218–056236.

[5] Georgeot B, Shepelyansky D L. Exponential gain in quantum computing of quantum chaos and localization. Phys Rev Lett, 2001, 86:2890–2893.

[6] Artuso R, Casati G, Shepelyansky D. Fractal spectrum and anomalous diffusion in the kicked Harper model. Phys Rev Lett, 1992, 68:3826–3829.

[7] Lima R, Shepelyansky D. Fast delocalization in a model of quantum kicked rotator. Phys Rev Lett, 1991, 67:1377–1380.

[8] Artuso R, Borgonovi F, Guarneri I, et al. Phase diagram in the kicked Harper model. Phys Rev Lett, 1992, 69:3302–3305.

[9] Izrailev F M. Simple models of quantum chaos: spectrum and eigenfunctions. Phys Rep, 1990, 196:299–392.

[10] Berry M V. Quantum Fractals in Boxes. J. Phys. A: Math. Gen., 1996, 29:6617–6629.

[11] Pellegrini F, Montangero S. Fractal fidelity as a signature of quantum chaos. Physical Review A, 2007, 76:052327.

[12] Chiara G D, Rossini D, Montangero S, et al. From perfect to fractal transmission in spin chains. Physical Review A, 2005, 72:012323.

[13] Martin J, Giraud O, Georgeot B. Multifractality and intermediate statistics in quantum maps. Physical Review E, 2008, 77:035201.

[14] Haake F, Kus M, Scharf R. Classical and quantum chaos for a kicked top. Z. Phys. B-Condensed Matter, 1987, 65:381–395.

[15] Schack R, D'Ariano G M, Caves C M. Hypersensitivity to perturbation in the quantum kicked top. Physical Review E, 1994, 50:972–988.

[16] Gorin T, Prosen T, Seligman T H, et al. Dynamics of Loschmidt echoes and fidelity decay. Physics Reports, 2006, 435:33–156.

[17] Ghose S, Stock R, Jessen P. Chaos, entanglement, and decoherence in the quantum kicked top. Physical Review A, 2008, 78:042318.

[18] Smith G A, Chaudhury S, Silberfarb A. Continuous weak measurement and nonlinear dynamics in a cold spin ensemble. Physical Review Letters, 2004, 93:163602.

[19] Plenio M B, Knight P L. The quantum-jump approach to dissipative dynamics in

quantum optics. Reviews of Modern Physics, 1998, 70:101–144.

[20] Wigner E P. On the statistical distribution of the widths and spacings of nuclear resonance levels. Proc Camb Phil Soc, 1951, 47:790–798.

[21] Wigner E P. Characteristic vectors of bordered matrices with infinite dimensions. Ann Math, 1955, 62:548–564.

[22] Forrester P J, Snaith N C, Verbaarschot J J M. Developments in random matrix theory. Journal of Physics A: Mathematical and General, 2003, 36:R1–R10.

[23] Mehta M L. Random Matrices. 3rd ed. New York: Academic Press, 2004.

[24] 吴锡真, 李祝霞, 张英逊, 等. 原子核量子能谱的统计性质. 中国科学 （A 辑）, 2001, 31:350–357.

[25] Carriere P. On a three-dimensional implementation of the Baker's transformation. Physics of Fluids, 2007, 19:118110.

[26] Saraceno M. Classical structures in the quantized Baker transformation. Annals of Physics, 1990, 199:37–60.

[27] Balazs N L, Voros A. The quantized Baker's transformation. Europhys Lett, 1987, 4:1089–1094.

[28] Schack R. Using a quantum computer to investigate quantum chaos. Phys Rev A, 1998, 57:1634–1635.

[29] Howell J C, Yeazell J A. Linear optics simulations of the quantum Baker's map. Phys Rev A, 2000, 61:123041–123046.

[30] Abreu R F, Vallejos R O. Entangling power of the Baker's map: role of symmetries. Phys Rev A, 2006, 73:52327–52332.

第 4 章　封闭量子计算系统中的干扰与量子混沌

对于理想的封闭量子计算系统，它与外界环境完全隔离，然而这并不能保证量子信息处理能够长时间地顺利进行。即使没有外界环境的干扰，在量子计算机内部仍然不可避免地存在着 2 种类型的干扰作用 —— 随机噪声干扰和静态干扰。本章首先介绍这 2 种干扰的来源以及它们的数学模型，然后采用传统的时间序列分析方法研究了 Ising 自旋量子计算模型中出现的量子混沌运动，接着分析了静态干扰对 Grover 量子搜索的影响，最后利用随机矩阵理论和保真度摄动分析等对 QKH 模型中的干扰进行了研究。

4.1　静态干扰和随机噪声干扰模型

就目前来说，一台量子计算机可以看做一个由 n_q 个量子比特组成的多体量子系统。对量子计算机的操作基于 Hilbert 空间中可逆的酉变换。已经证明，所有的酉运算都可以分解为单量子比特和双量子比特的操作[1]。然而双量子比特运算以量子比特之间存在耦合为基础，因此量子计算中的相互耦合作用是不可避免的。对多体量子系统，例如原子核、复杂的原子和量子点等的广泛研究表明，这些系统中的相互作用将导致在无外界热库耦合的情况下引起动态热化，从而产生量子混沌[2-6]。对静态量子存储器的研究表明，量子比特之间的耦合作用同上述多体量子系统一样会引起量子混沌，使系统本征态产生遍历性，干扰正常的量子计算[7]。因此把这种产生于量子计算机硬件内部的相互耦合作用称为静态干扰。量子计算机看做一个由自旋 1/2 粒子组成的一维链或二维晶格，静态干扰被模拟为在任意两个相邻量子门之间附加一个酉算符 $U_s = \mathrm{e}^{\mathrm{i}H_s}$，其哈密顿量为

$$H_s = \sum_i \delta_i \, \hat{\sigma}_z^{(i)} + \sum_{i<l} J_{il} \, \hat{\sigma}_x^{(i)} \, \hat{\sigma}_x^{(l)} \tag{4.1}$$

其中 $\hat{\sigma}^{(i)}$ 表示作用在第 i 个量子比特上的 $\hat{\sigma}$ 运算，δ_i 和 J_{il} 是初始值均匀分布在 $\left[-\dfrac{\delta}{2}, \dfrac{\delta}{2}\right]$ 和 $[-J, J]$ 内的随机数，并且在一次量子算法迭代过程中保持不变。由于静态干扰代表量子比特之间的耦合作用，因此它没有经典对应。

除了静态干扰外，量子门操作的不精确性或者量子比特能级的涨落等都会给系统哈密顿量带来一些波动，这样的干扰称为随机噪声干扰。因为一个量子算法包含大量的单量子比特和双量子比特操作，因此即使每一步操作里面的一个极小的噪声，其累积效果也很可能破坏量子计算的可操作性。随机噪声干扰使用如下方式模拟，量子算法中的 Hadamard 门由 $n \cdot \hat{\sigma}$ 模拟，其中 $\hat{\sigma}_{x(y,z)}$ 表示 Pauli 量子门，n 是一个与向量 $n_0 = (1/\sqrt{2}, 0, 1/\sqrt{2})$ 非常接近的随机单位向量，$|n - n_0| \leqslant \varepsilon$ (ε 为干扰强度，它是一量纲为一的物理量)。对所有的相移门 (包括受控相移门)，用相位 $\varphi + \delta\varphi$ 代替理想相位 φ，其中随机的小相位扰动 $\delta\varphi \in [-\varepsilon, \varepsilon]$。为了同静态干扰相比较，取 $\dfrac{\delta}{2} = J = \varepsilon$。

尽管静态干扰和随机噪声干扰影响了系统的哈密顿量，但是从它们的作用方式可以看出，受扰的哈密顿量保持其厄米性不变，因此量子运算仍然为酉运算 —— 尽管它不再是算法设计时所设想的那样精确。

4.2 Ising 模型中的静态干扰与量子混沌

Ising 自旋 1/2 模型被认为是将来实现大规模量子计算机的物理模型之一[8, 9]。通过对 Ising 自旋 1/2 模型的研究，人们得到了很多量子计算方面的理论成果。例如，文献 [10] 分析了 Ising 量子计算机在外部干扰的情况下，量子傅里叶变换的稳定性问题，并且提出了一种改进的量子傅里叶变换算法。本节针对一维 Ising 自旋 1/2 链以及二维 Ising 自旋 1/2 晶格，分析静态干扰及其导致的量子混沌现象。

4.2.1 一维 Ising 自旋链

一维 Ising 自旋链由 n 个自旋 1/2 粒子组成，在这些自旋粒子(量子比特) 之间存在最近邻的耦合作用，而且它们被置于两个外部磁场的共同作用下：一个磁场沿 z 轴方向，另一个是以幅度 $B^{\perp}$、频率 v 和相位 φ 在 x-y 平面旋转的圆极化的磁场。沿 z 轴方向的磁场 B^z 具有一定的磁场梯度，这可以使每一个量子比特都能够被单独操作。整个外部磁场可记为[9, 11]

$$\vec{B}(t) = (B^{\perp}\cos(vt + \varphi), -B^{\perp}\sin(vt + \varphi), B^z) \tag{4.2}$$

不失一般性，我们假定 B^z 具有的定常梯度为 a，而且 $\varphi = \pi/2$。则此一维 Ising 链

的哈密顿量为[11]

$$H = \frac{1}{2}\sum_{k=1}^{n}(-ak\hat{\sigma}_k^z + \Omega\hat{\sigma}_k^y) - \frac{1}{2}\sum_{k=1}^{n-1} J_{k,k+1}\hat{\sigma}_k^z\hat{\sigma}_{k+1}^z \tag{4.3}$$

其中 Ω 是对应于旋转磁场的 Rabi 频率，$J_{k,k+1}$ 表示最邻近量子比特之间的相互耦合作用。在本节我们选取 $J_{k,k+1} = J\xi$，其中 J 表示耦合作用的大小，ξ 是一个在区间 $[-1,1]$ 上均匀分布的随机数。算符 $\hat{\sigma}_k^{(x,y,z)}$ 分别为作用在第 k 个量子比特上的 Pauli 算符。同时我们假设一维自旋链满足开放边界条件，而且不等式 $\Omega \gg a\cdot k$ 对所有的 k 都成立。

当一维自旋链中不存在干扰 $(J = 0)$ 或者耦合强度 J 非常小时，哈密顿量 (4.3) 的能谱由 $n+1$ 个相互分开的带状组成。如果自旋链由偶数个量子比特组成时，则在零点附近出现一个中心带。随着耦合强度 J 增大，不同能谱带逐渐融合。当式 (4.3) 中的 $a = 1$，$\Omega = 100$ 时，Ising 自旋链模型 (4.3) 的谱分布 $\rho(\lambda)$ 示于图 4.1。从图 4.1 可以清楚地看出，当量子比特之间的耦合强度增大时，能谱带状结构逐渐融合。

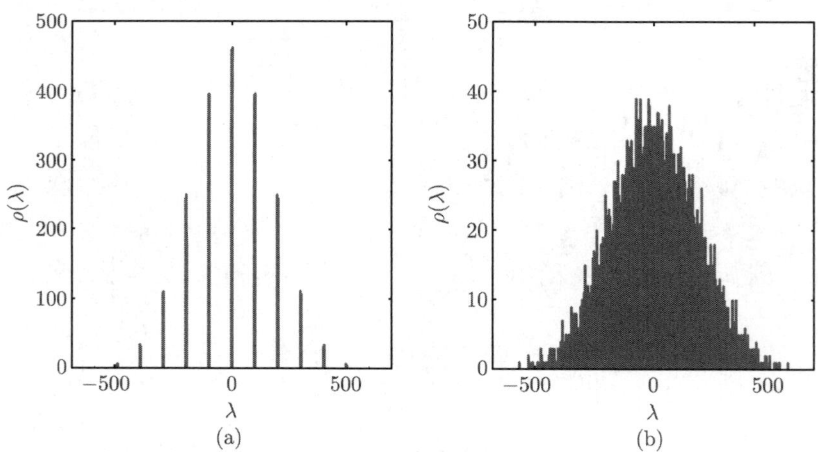

图 4.1 由 $n = 12$ 个量子比特组成的一维自旋链模型哈密顿量 (4.3) 的谱分布。图 (a) 中最近邻量子比特之间的耦合强度为 $J = 1$，图 (b) 中 $J = 100$

4.2.2 二维 Ising 自旋晶格

组成二维 Ising 晶格的 n 个自旋粒子位于沿 z 轴方向的外部静态磁场中，它的哈密顿量可表示为[2]

$$H = \sum_i \Gamma_i\hat{\sigma}_i^z + \sum_{i<j} J_{i,j}\hat{\sigma}_i^x\hat{\sigma}_j^x \tag{4.4}$$

上式中最后一项作用于所有最近邻量子比特对之间，同时满足周期边界条件。一个量子比特的两个能级状态的间隔表示为 Γ_i，它随机均匀分布在区间 $[\Delta_0-\delta/2,\Delta_0+\delta/2]$ 上。$J_{i,j}$ 是两个量子比特 i 和 j 之间的作用强度，它随机分布在区间 $[-J,J]$ 上。我们进一步假设 $\delta,J\ll\Delta_0$，该假设意味着由晶格中干扰导致的波动相对较弱。

在耦合强度 J 较弱时，二维自旋晶格哈密顿量 (4.4) 同样呈现出带状结构。如果自旋晶格由偶数个自旋粒子组成，在零点附近将出现一个中心带。如果自旋粒子数目为奇数，将分别以 $\pm\Delta_0$ 为中心出现两个中心带。随着耦合强度 J 增大，本征态将相互融合。图 4.2 示出了当 $\Delta_0=1$ 和 $\delta=0.09$ 时二维自旋晶格哈密顿量 (4.4) 的能谱带状结构及其融合。

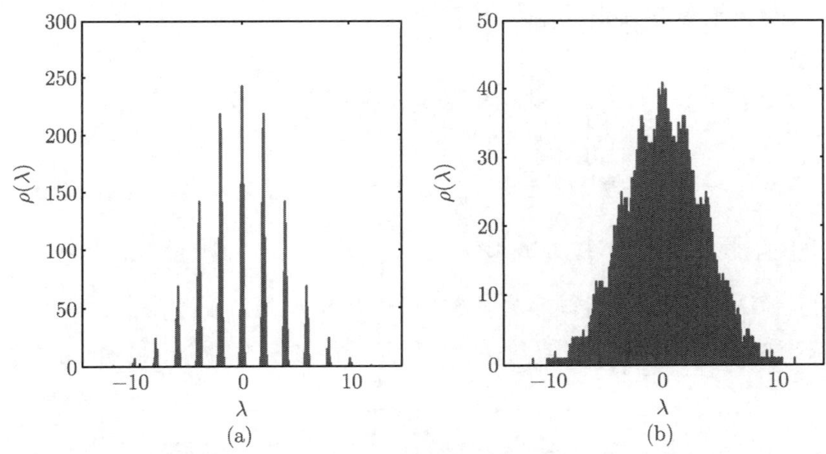

图 4.2 由 4×3 个自旋粒子组成的二维晶格哈密顿量的谱分布。图 (a) 和图 (b) 分别对应于干扰强度 $J=0.05\delta/n$ 和 $J=50\delta/n$

4.2.3 能谱的时间序列分析法

能谱的时间序列分析方法是将展平化后的能级序列 $\{e_i,i=1,\cdots,N\}$ 看做离散的时间序列，利用传统的时间序列功率谱分析方法，得到能谱的统计特性。Relaño 等使用该方法研究了量子台球和高激发能的原子核等量子系统的规则向混沌的转变，并提出了如下猜想：经典可积的量子系统的能谱显示出 $1/f^2$ 波动特性；量子混沌系统的能谱具有 $1/f$ 波动规律[12, 13]。随后，Santhanam 等分析了耦合四次谐振子和量子陀螺能谱的 $1/f^\alpha$ 波动特性，进一步证实了 $\alpha(1\leqslant\alpha\leqslant2)$ 的值反映了量子系统对应的经典系统的动力学特性[14]。

能谱的时间序列分析方法针对零点附近中心能带的能级，首先使用 3.3 节的展平化方法，得到展平化后的能级序列 $\{e_i,i=1,\cdots,N\}$。然后将 $\{e_i\}$ 顺序排列，计

算最近邻间隔

$$s_i = e_{i+1} - e_i, \quad i = 1, \cdots, N-1 \tag{4.5}$$

为了刻画能谱的波动特性，引入一个新的统计量 δ_n，

$$\delta_n = \sum_{i=1}^{n} (s_i - \langle s \rangle), \quad n = 1, \cdots, N-1 \tag{4.6}$$

其中 $\langle s \rangle$ 为 $\{s_i\}$ 的均值。如果将下标 n 看做离散时间，则 δ_n 非常类似于一个时间序列。δ_n 的功率谱 $S(k)$ 为

$$S(k) = |\hat{\delta}_k|^2 \tag{4.7}$$

其中 $\hat{\delta}_k$ 是时间序列 δ_n 的傅里叶变换，

$$\hat{\delta}_k = \frac{1}{\sqrt{M}} \sum_{n=1}^{M} \delta_n \exp\left(\frac{-2\pi k n \cdot \mathrm{i}}{M}\right) \tag{4.8}$$

其中 $M = N - 1$ 是时间序列的长度，$2\pi k/M = f$ 可看做频率。

4.2.4　Ising 模型能谱的 1/*f* 波动

利用上节所述的能谱时间序列分析方法，求出一维自旋链哈密顿量 (4.3) 和二维晶格哈密顿量 (4.4) 的能级波动序列 δ_n，示于图 4.3。图中展示了 Ising 模型的耦

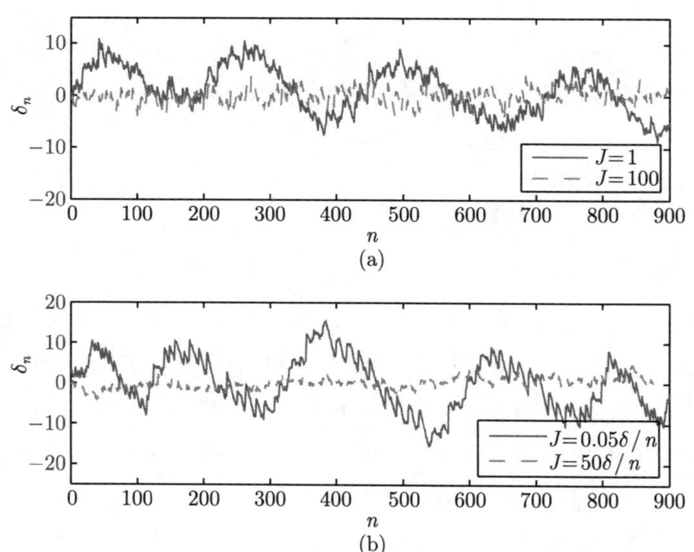

图 4.3　一维自旋链哈密顿量 (图 (a)) 和二维晶格哈密顿量 (图 (b)) 的能级波动序列 δ_n。图 (a) 中的能级取自图 4.1 的中心能带，图 (b) 中的能级取自图 4.2 的中心能带

合强度对能级相互排斥的影响。从图中可以看出，δ_n 的波动行为在耦合强度 J 较大与耦合强度 J 较小时存在显著差异。

为了分析 δ_n 的统计特性，我们计算了 $S(k)$ 对 50 次模型随机实现的平均值。图 4.4 在对数坐标图中显示了 $\langle S(k)\rangle$ 的统计结果。图中同时绘出了幂律 $1/f^{\alpha}$ 对应的直线以及 α 对应的值，除干扰强度 J 之外的其他参数与图 4.1 和图 4.2 中相同。从图中可以看出，功率谱的系综平均基本满足幂律变化，

$$\langle S(k)\rangle \sim \frac{1}{f^{\alpha}} \tag{4.9}$$

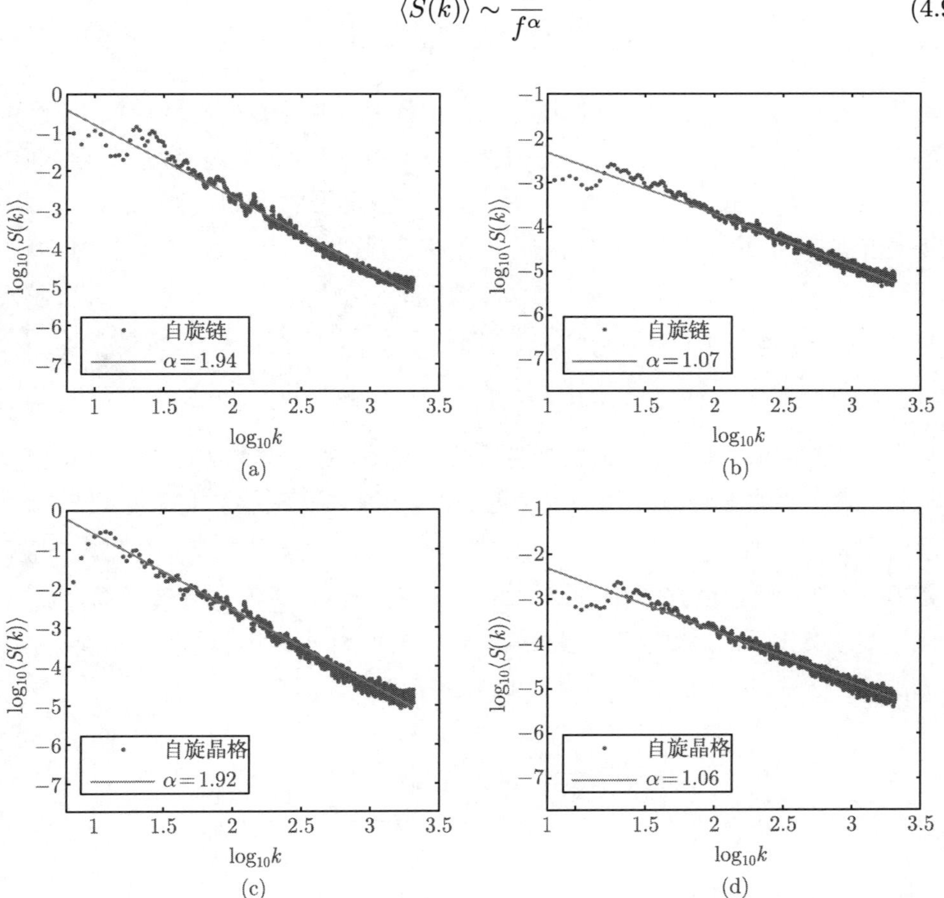

图 4.4 一维自旋链哈密顿量 (图 (a,b)) 和二维晶格哈密顿量 (图 (c,d)) 的功率谱 $\langle S(k)\rangle$。图 (a)~(d) 中量子比特之间的干扰强度分别为 $J = 1, 100, 0.05\delta/n$ 和 $50\delta/n$。实线为 $\langle S(k)\rangle$ 对幂律 $1/f^{\alpha}$ 的最佳拟合

当自旋粒子的耦合强度 J 较小时，无论是一维自旋链还是二维自旋晶格的功率谱 $\langle S(k)\rangle$ 都显示出 f^{-2} 波动特点；而对相对较强的耦合 J，$\langle S(k)\rangle$ 显示出 f^{-1}

波动特点。结合 Relaño 等提出的猜想，可以认为当最近邻自旋粒子之间的耦合较强时，Ising 量子计算模型中出现了量子混沌运动。

我们知道对于一个具有 $1/f$ 波动的随机物理过程来说，其过去的状态行为对当前状态有严重影响。就以上 Ising 量子计算模型而言，可以推断其能谱的 $1/f$ 波动意味着它的能级之间是密切相关的。而且 Ising 量子计算模型中能谱的密切相关 (或排斥) 行为与随机矩阵理论的分析结果是一致的[15]。

4.3　Grover 量子搜索算法中的静态干扰

假定实现 Grover 量子搜索算法的 $n_q = 9$ 个量子比特被放置为一个方形晶格，静态干扰作用在任意两个相邻的量子比特之间，并且满足周期边界条件。静态干扰对应的哈密顿量为式 (4.1)。除去 Grover 搜索中需要的 1 个辅助量子比特，它可以实现对含有 $N = 2^8$ 个条目的非结构化数据库进行搜索。根据第 2.3.2 节中的介绍，寻找到被标记条目 $|x'\rangle$ 的 Grover 迭代次数为 $\pi\sqrt{N}/4 - 1/2 \approx 12$ 次。在没有静态干扰的情况下，经过 t 次 Grover 迭代后的状态为

$$|x(t)\rangle = \alpha|x'\rangle + \beta|x''\rangle = \sin((t+1/2)\omega_G)|x'\rangle + \cos((t+1/2)\omega_G)|x''\rangle \tag{4.10}$$

图 4.5 显示了被标记条目 $|x'\rangle$ 对应的复系数幅值 $|\alpha|$ 随迭代次数 t 的变化以及静态干扰对搜索结果的影响。从图中可以看出，当系统中不存在静态干扰或者静态干扰强度 ε 相对较小时，大约每经过 12 次 Grover 迭代，待寻找状态 $|x'\rangle$ 对应的复系数幅值 $|\alpha|$ 都会有一极值出现。但是当静态干扰强度较大时，尽管待寻找状态 $|x'\rangle$ 的概率幅值变化仍然具有一定的周期性，但它的值相对很小，此时 Grover 搜索算法被破坏，不能够给出正确的搜索结果。

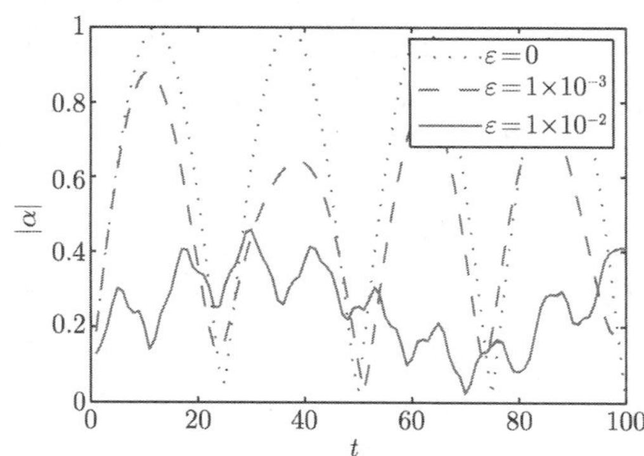

图 4.5　静态干扰下 Grover 算法中待搜索状态 $|x'\rangle$ 对应的复系数幅值 $|\alpha|$ 随迭代次数 t 的变化

量子保真度分析能很好地揭示干扰对状态演化的影响。对初态为 $|\psi(0)\rangle$ 的量子系统，保真度定义为

$$f(t) = |\langle\psi_\varepsilon(t)|\psi_0(t)\rangle|^2 \tag{4.11}$$

其中 $|\psi_0(t)\rangle$ 和 $|\psi_\varepsilon(t)\rangle$ 分别表示初态 $|\psi(0)\rangle$ 在没有干扰和存在干扰下 t 时刻状态。图 4.6 示出了不同干扰强度下保真度随 Grover 迭代次数的变化。当没有干扰存在时，保真度始终保持为 1，当干扰强度较大时，保真度将很快衰减。

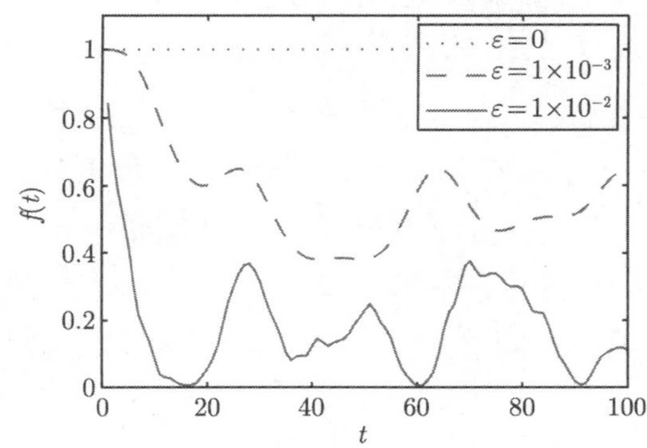

图 4.6 静态干扰下 Grover 量子搜索的保真度 $f(t)$ 随迭代次数 t 的变化

经典哈密顿系统的运动可以通过相点在相空间中的轨迹描述。在量子力学中，Wigner 函数通过定义“量子相空间分布函数”，可以方便地看出波函数 $|\psi\rangle$ 在二维相空间的变化[16]，

$$W(p,\theta) = \int \frac{\mathrm{e}^{-(\mathrm{i}/\hbar)p\theta'}}{\sqrt{2\pi\hbar}} \psi\left(\theta + \frac{\theta'}{2}\right)^* \psi\left(\theta - \frac{\theta'}{2}\right) \mathrm{d}\theta' \tag{4.12}$$

上式和经典相空间的概率分布具有一些相同之处，它是一个实函数并且满足

$$\int W(p,\theta)\mathrm{d}\theta = |\psi(p)|^2$$

$$\int W(p,\theta)\mathrm{d}p = |\psi(\theta)|^2$$

然而 $W(p,\theta)$ 不能等同于概率分布，因为它可以取负值。Husimi 函数通过对式 (4.12) 的高斯平滑产生没有负值的概率分布，量子态 $|\psi\rangle$ 的 Husimi 函数被定义为

$$\rho_{\mathrm{H}}(\theta_0, p_0) = |\langle\psi_{(\theta_0,p_0)}|\psi\rangle|^2 \tag{4.13}$$

式中

$$|\psi_{(\theta_0,p_0)}\rangle = A\sum_p \mathrm{e}^{-(p-p_0)^2/4w^2 - \mathrm{i}\theta_0 p}|p\rangle \tag{4.14}$$

为高斯相干态，它对应经典相空间中一个中心位于 (θ_0, p_0)、宽度为 w 的高斯波包，A 为归一化常数。本章中取波包尺寸为 $\Delta p = \Delta\theta = w, w = \sqrt{\hbar/2}$。在经典动力系统中，表述系统状态的相点是没有内部结构的；而在量子系统，波包是有内部结构的。由相干态来表述的波包是量子系统本征态的协同的线性叠加，当这种协同关系被破坏时，波包内部结构发生变化[17]。通过 Husimi 分布能够表明波包在随系统演化时，其内部结构被破坏的程度。

图 4.7 显示了初始状态 $|x(0)\rangle$ 以及待搜索状态 $|x'\rangle$ 在经过 5 次迭代以及 12 次迭代后的 Husimi 分布。在 Husimi 的相空间表示方法中，把计算基态 $|i\rangle(i = 0, \cdots, 2N-1)$ 看做波函数 $|x(t)\rangle$ 的位置表象，而把通过傅里叶变换得到的共轭基态看做动量表象。图中灰度表示相点的概率幅值，黑色代表相点的幅值最大，白色表示幅值最小。从图中可以看出，在没有干扰的情况下，大约经过 12 次 Grover 迭代，所有的概率都集中在待搜索状态 $|x'\rangle$ 上。但是当干扰强度为 $\varepsilon = 1 \times 10^{-2}$ 时，待搜索状态 $|x'\rangle$ 的 Husimi 分布已显示出随机的特性，这时它已被静态干扰所破坏。

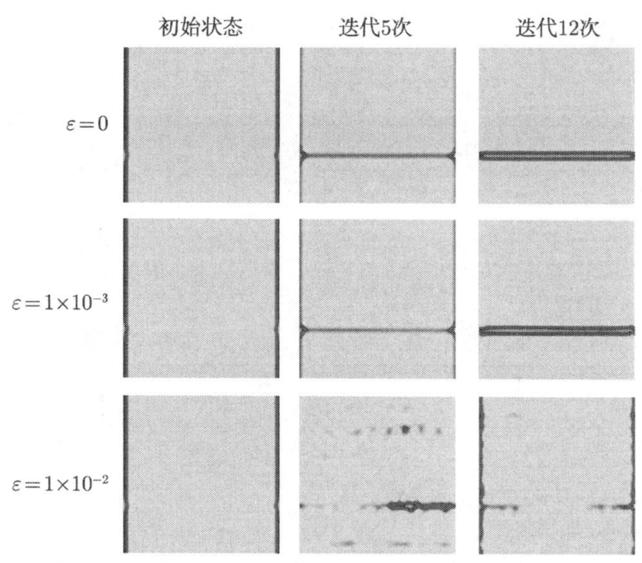

图 4.7　Grover 搜索的初始状态 $|x(0)\rangle$ (第 1 列) 和待搜索状态 $|x'\rangle$ 在经过 5 次迭代 (第 2 列) 以及 12 次迭代 (第 3 列) 后的 Husimi 分布。第 1 行的子图对应无干扰的情形，第 2 行和第 3 行分别对应静态干扰 $\varepsilon = 1 \times 10^{-3}$ 和 $\varepsilon = 1 \times 10^{-2}$

4.4 QKH 模型中的随机噪声和静态干扰

4.4.1 QKH 模型的本征值和本征态统计

为了分析干扰对量子计算的影响程度，本节利用随机矩阵理论考察 QKH 能谱的统计特性及其本征态的遍历性。

QKH 模型的 Floquet 算子准能量 ϕ_α 以及本征态 $|\phi_\alpha\rangle$

$$\hat{F}|\phi_\alpha\rangle = \mathrm{e}^{\mathrm{i}\phi_\alpha}|\phi_\alpha\rangle \tag{4.15}$$

几乎体现了系统的全部动力学特征。本节通过分析 QKH 的准能量和本征态的统计特性，研究量子计算中静态干扰以及随机噪声干扰对 QKH 动力学特性的影响。

为了计算 QKH 模型的 Floquet 算子准能量分布，首先要创建 Floquet 矩阵。创建 Floquet 矩阵的方法基于第 3.2.2 节介绍的 QKH 量子仿真算法和如下事实：量子寄存器每一个基态经过一次演化将给出 Floquet 矩阵的一个对应列。例如对于基态

$$|i\rangle = \begin{bmatrix} 0 \\ 1 \\ 0 \\ \vdots \\ 0 \end{bmatrix} \tag{4.16}$$

经过 Floquet 算子的一次演化

$$\begin{aligned} \hat{F}\cdot|i\rangle &= \begin{bmatrix} F_{00} & F_{01} & \dots & F_{0,N-1} \\ F_{10} & F_{11} & \dots & F_{1,N-1} \\ \vdots & \vdots & & \vdots \\ F_{N-1,0} & F_{N-1,1} & \dots & F_{N-1,N-1} \end{bmatrix} \cdot \begin{bmatrix} 0 \\ 1 \\ \vdots \\ 0 \end{bmatrix} \\ &= \begin{bmatrix} F_{01} \\ F_{11} \\ \vdots \\ F_{N-1,1} \end{bmatrix} \end{aligned} \tag{4.17}$$

其演化后量子态即是 Floquet 算子的第 2 列。对 N 个基态依次进行一次演化，最终的 N 个量子态组合在一起即构成 QKH 的 Floquet 算子。

计算 Floquet 算子准能量分布，首先将准能量序列展平化。因为 QKH 在奇偶变换下具有对称性，所以它的 Floquet 算子本征态满足 $|\phi_{N-j}\rangle = \pm|\phi_j\rangle$，其中 ”+” 对应偶数本征态，”−” 对应奇数本征态。为了避免 QKH 模型的奇偶对称性造成 $P(s)$ 在 s 较小时形成尖峰，必须将准能量按照奇偶性分成两部分处理。分别计算两部分的准能量间隔后，将其合并为一个序列，并进行归一化，使平均间隔为 1。图 4.8 示出了最近邻能级间隔分布，图中 $\varepsilon = 0$，$n_q = 13$，因此统计大约 8000 个准能量间距。实线、点划线和虚线分别表示式 (3.35), 式 (3.36) 和式 (3.37)。结果表明未扰 QKH 模型的 $P(s)$ 分布曲线与 RMT 理论不一致甚至完全相反，例如在 $K = L = 3$ 时，$P(s)$ 分布不是理论预言的 Wigner 分布，而是更加接近于泊松分布。进一步的分析表明，QKH 模型的准能量统计特性是由其经典可积模型决定的[18]。因此 QKH 的准能量统计不能反映其动力学特性，而只能通过本征态的统计特性进行分析。

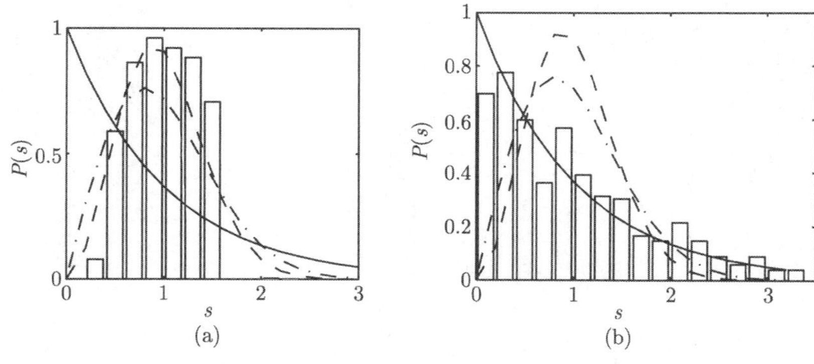

图 4.8　QKH 模型准能量的最近邻能级间隔分布。图 (a)$K = L = 0.01$ 和图 (b)$K = L = 3$

图 4.9 显示 $n_q = 8$ 时 QKH 模型分别对应经典可积和混沌时，理想 Floquet 算子两个准能量本征态的 Husimi 函数。比较图中左右两列可以看出，当系统为规则运动时，准能量本征态没有遍历特性；当系统对应经典混沌时，其 Husimi 分布遍历了大部分的相空间，此时两个差别很大的准能量对应的本征态的相空间分布变得几乎不可区分。由此可见，QKH 模型的准能量本征态 Husimi 分布能够反映其动力学特性。

考虑第 4.1 节的随机噪声干扰和静态干扰模型。图 4.10 给出 $n_q = 8$ 时不同干扰下，Floquet 算子最大准能量本征态的 Husimi 分布图。随着静态干扰强度 ε 增大，准能量本征态显示出越来越强的遍历性，表明随着干扰强度增大，QKH 具有越来越强的混沌特性。因为静态干扰破坏了系统的对称性，所以其 Husimi 分布在相空间的对称性逐渐消失 (比较图 4.9)。而同样大小的噪声干扰时，Husimi 分布没有显示出遍历性质，因此静态干扰对量子计算具有更大的危害性。

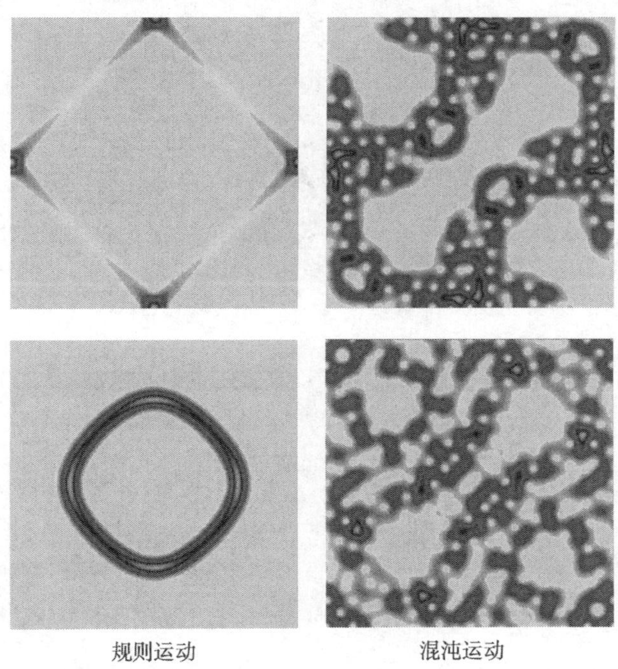

图 4.9 未扰 QKH 模型在规则运动 $K=L=0.01$ (第 1 列) 和混沌运动 $K=L=3$(第 2 列) 时准能量本征态的 Husimi 分布。第 1 行和第 2 行分别对应 Floquet 算子的最大准能量本征态和第 $N/2$ 个准能量本征态

定量地反映扰动本征态和理想本征态相似程度的一个物理量是本征状态熵，它被定义为

$$S=-\sum_{\beta=1}^{N}p_{\alpha\beta}\log_2^{p_{\alpha\beta}} \tag{4.18}$$

其中 $p_{\alpha\beta}=|\langle\phi_\beta^{(0)}|\phi_\alpha^{(\varepsilon)}\rangle|^2$，$|\phi_\beta^{(0)}\rangle$ 和 $|\phi_\alpha^{(\varepsilon)}\rangle$ 分别为未扰和扰动下的准能量本征态。当 $|\phi_\alpha^{(\varepsilon)}\rangle$ 与某一未扰本征态相同时, $S=0$; 如果 $|\phi_\alpha^{(\varepsilon)}\rangle$ 由两个未扰的本征态以相同幅度组成，则 $S=1$，此时系统开始具有混沌特性。同理，如果 $|\phi_\alpha^{(\varepsilon)}\rangle$ 由所有 N 个 $|\phi_\beta^{(0)}\rangle$ 以相同幅度叠加，则 S 达到饱和值 n_q。为了减小 S 随 α 的波动，我们随机选取 $N/3$ 个本征态进行统计平均。本征状态熵与静态干扰强度的关系见图 4.11。图中横轴 ε 取对数坐标，n_q 分别取 $5,7,8,9,11$。从图中可以看出本征状态熵从 $0(\varepsilon=0)$ 到饱和值的变化，而且随着 n_q 增加，静态干扰导致混沌的阈值 ε_χ (由 $S(\varepsilon_\chi)=1$ 定义) 逐渐减小。

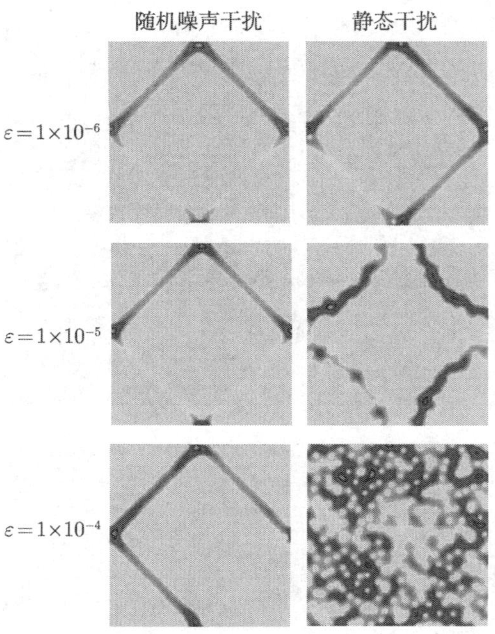

图 4.10　经典可积的 QKH 模型 ($K=L=0.01$) 在随机噪声干扰 (第 1 列) 和静态干扰 (第 2 列) 下的最大准能量本征态 Husimi 分布。自上而下各行对应干扰强度 $\varepsilon=1\times10^{-6},\varepsilon=1\times10^{-5}$ 和 $\varepsilon=1\times10^{-4}$

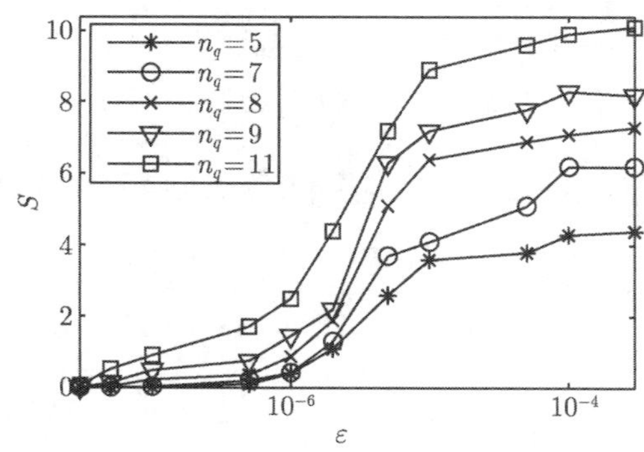

图 4.11　本征状态熵随静态干扰强度 ε 的变化曲线

静态干扰及随机噪声干扰对 QKH 动态局域化现象的影响见图 4.12(比较图 3.4, 图 3.5)。图中静态干扰和随机噪声干扰强度都为 $\varepsilon=1\times10^{-4}$，$n_q=8,K=0.01,L=5$。在 $\varepsilon=0$ 时，可以看出量子态的局域化现象非常明显；当干扰强度 $\varepsilon=1\times10^{-4}$ 时，局域化现象的尖峰虽然能够看到，但是很多状态呈现出非局域化，而且在静态干扰时这种现象更加明显。这也说明静态干扰比随机噪声干扰更加容易破坏 QKH 的动态局域化。

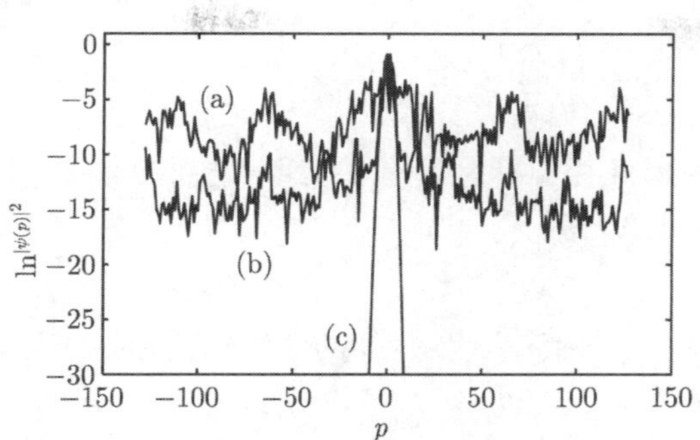

图 4.12 静态干扰 (a) 和随机噪声干扰 (b) 对动态局域化的影响。曲线 (c) 对应无干扰情形

4.4.2 保真度和可信计算时间尺度

量子态的酉演化性质使 Hilbert 空间中两个量子态之间范数保持不变，因此在量子混沌运动中不存在对初态的指数敏感性。量子保真度分析通过扰动量子系统哈密顿函数，研究系统从同一初始状态演化的稳定性[19]。对初态为 $|\psi(0)\rangle$ 的量子系统，保真度

$$f(t)=|\langle\psi_\varepsilon(t)|\psi_0(t)\rangle|^2=|\langle\psi_0(t)|U_0^\dagger(t)U_\varepsilon(t)|\psi_0(t)\rangle|^2 \tag{4.19}$$

其中 $|\psi_0(t)\rangle$ 和 $|\psi_\varepsilon(t)\rangle$ 分别表示 $|\psi(0)\rangle$ 在理想演化算符 $U_0(t)$ 和扰动演化算符 $U_\varepsilon(t)$ 下 t 时刻状态。考虑 QKH 量子计算在经典可积 ($K=L=0.01$) 时的干扰情况。系统演化的初始状态为一高斯相干态，对应相空间中心点附近宽度为 $1/\sqrt{N}$ 的高斯波包。图 4.13 给出了 QKH 量子仿真在随机噪声干扰和静态干扰时的保真度衰减。为了分析可信计算时间尺度 t_f 与系统参数之间的关系，我们固定保真度衰减阈值为 $f(t_f)=0.9$。$n_q=7$ 时可信计算时间尺度 t_f 随 ε 的变化见图 4.14。在随机噪声干扰情况下，每一个量子门操作使理想状态转变为其他扰动态的概率为 ε^2 函数，因此噪声干扰时的可信计算时间尺度

$$t_f=A/(\varepsilon^2 n_g) \tag{4.20}$$

其中 A 为一常数，n_g 是一次仿真迭代所需总的基本量子门数。这导致噪声干扰下的保真度 $f(t)$ 呈指数衰减 (图 4.13(a)):

$$f(t)=\exp(-B\varepsilon^2 n_g t) \tag{4.21}$$

其中 B 为常数。在静态干扰模型中，由于静态干扰的相干作用，每个量子比特的

实际 Rabi 振荡正比于 $\cos(\varepsilon n_g t)$。对 n_q 个量子比特，$f(t)\propto[\cos(\varepsilon n_g t)]^{n_q}$。当 ε 较小时

$$f(t)\sim\exp[-n_q(\varepsilon n_g t)^2] \tag{4.22}$$

为高斯衰减 (图 4.13(b))。由此得到远小于噪声干扰时的可信计算时间尺度

$$t_f=C/(\varepsilon n_g n_q^{1/2}) \tag{4.23}$$

其中 C 为常数。$\ln^{f(t)}$ 与迭代次数 t 之间的线性 (随机噪声干扰) 或二次函数关系 (静态干扰) 显示在图 4.13 中，图中 $n_q=7, K=L=0.01$。图 4.14 显示了随机噪声干扰以及静态干扰对可信计算时间尺度的影响，图中每一个点代表 10 个随机初始相干态的统计平均，横轴和纵轴均取对数坐标，$n_q=7$。图中相等可信计算时间尺度对应的噪声干扰和静态干扰 ε 的巨大差异 (约为几个数量级) 进一步验证了静

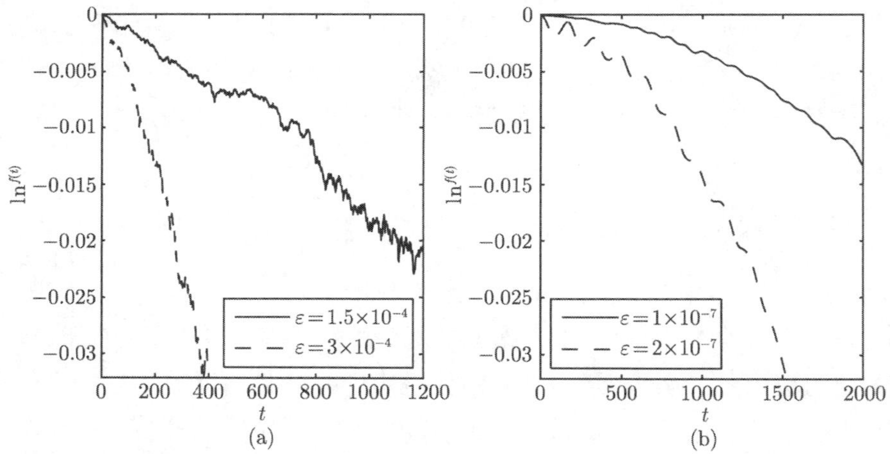

图 4.13　随机噪声干扰 (a) 和静态干扰 (b) 下 QKH 模型保真度衰减曲线

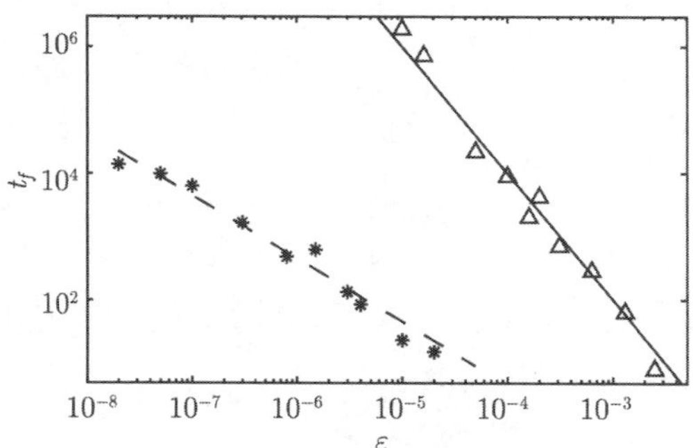

图 4.14　可信计算时间尺度 t_f 随噪声干扰 (△) 和静态干扰 (*) 的变化。实线为函数 (4.20)，$A/n_g=1\times10^{-4}$；虚线表示函数 (4.23)，$C/(n_g n_q^{1/2})=4.5\times10^{-4}$

态干扰具有更强的干扰作用。在其他可积动力系统的量子计算研究中发现干扰与保真度等特征量之间有类似的关系[20, 21]。

以上讨论的是 QKH 在经典可积时的鲁棒性。对应经典混沌的 QKH ($K = L = 3.0$) 模型的保真度衰减如图 4.15 所示，图中 $n_q = 8$，初始状态为混沌区域中一高斯波包。从图 4.15 可见，此时的保真度衰减规律与式 (4.21) 和式 (4.22) 基本相同。量子混沌运动仿真算法的保真度衰减规律可以用随机矩阵理论解释如下。

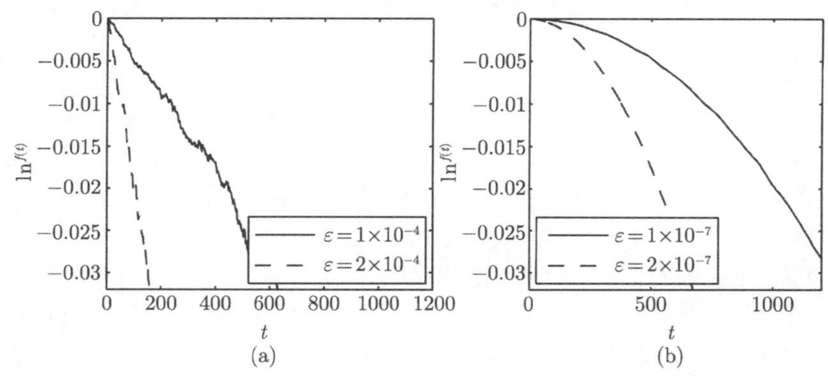

图 4.15 量子混沌运动的量子计算保真度随噪声干扰 (a) 和静态干扰 (b) 的变化

在保真度定义式 (4.19) 中，定义 echo - operator $M_\varepsilon(t)$ 为

$$M_\varepsilon(t) = U_0^\dagger(t)U_\varepsilon(t) \tag{4.24}$$

对于受微扰的系统哈密顿量 $H = H_0 + \varepsilon V$ (H_0 为未扰哈密顿量，V 为干扰产生算符)，$M_\varepsilon(t)$ 可以用 ε 的二次函数逼近为[22]

$$M_\varepsilon(t) = 1 - \mathrm{i}2\pi\varepsilon \int_0^t \mathrm{d}t'\tilde{V}(t') - (2\pi\varepsilon)^2 \int_0^t \mathrm{d}t' \int_0^{t'} \mathrm{d}t''\tilde{V}(t')\tilde{V}(t'') + O(\varepsilon^3) \tag{4.25}$$

其中 $\tilde{V}(t) = U_0^\dagger(t)VU_0(t)$，$t$ 的基本单位为 Heisenberg 时间 $t_{\mathrm{H}} = 2\pi\hbar/d$，$d$ 为平均能级间隔 (在量子计算中，Heisenberg 时间可等价定义为 $t_{\mathrm{H}} = 2^{n_q}$)。进一步简化可以求得，保真度对随机干扰算符 V 和 H_0 的系综平均为[19]

$$\langle f(t)\rangle = 1 - (2\pi\varepsilon)^2\left[t^2/v + t/2 - \int_0^t \mathrm{d}\tau' \int_0^{\tau'} \mathrm{d}\tau\, b_2(\tau)\right] + O(\varepsilon^4) \tag{4.26}$$

其中 v 取 1, 2 分别对应 GOE 和 GUE，$b_2(\tau)$ 是式 (3.44) 中系统能谱的 two-point form factor。对于干扰算符 V 和系统哈密顿量 H_0 的两种可能系综 GOE 和 GUE，V 的系综只会影响到 t^2 项的因子 v，而 H_0 的选择只会影响到 $b_2(\tau)$ 函数。式 (4.26)

可以近似转化为指数函数

$$\langle f(t)\rangle = \exp\left[-(2\pi\varepsilon)^2\Big(t^2/v + t/2 - \int_0^t \mathrm{d}\tau' \int_0^{\tau'} \mathrm{d}\tau\, b_2(\tau)\Big)\right] \tag{4.27}$$

文献 [22] 在比较式 (4.27) 和精确结果后指出，式 (4.27) 将式 (4.26) 的有效适用范围由 $\langle f(t)\rangle \approx 1$ 扩展到 $\langle f(t)\rangle \geqslant 0.1$。

根据式 (3.45) 和式 (3.46)，对式 (4.27) 中的 two-point form factor 进行二重积分，得到 $t > 1$ 时, 对 GOE 有

$$\begin{aligned}\int_0^t \mathrm{d}\tau' \int_0^{\tau'} \mathrm{d}\tau b_2(\tau) =& \frac{1}{12}\left(\log^{2t+1} - \log^{2t-1}\right)t^3 - \frac{5}{24}t^2 + \left(\frac{1}{16}\log^{2t-1} - \frac{1}{16}\log^{2t+1}\right.\\ &\left.+\frac{1}{2}\right)t - \frac{7}{144} - \frac{1}{48}\left(\log^{2t+1} - \log^{2t-1}\right)\end{aligned} \tag{4.28}$$

当 $t > 10$ 时，$(\log^{2t+1} - \log^{2t-1}) \ll 10^{-2}$，因此

$$\int_0^t \mathrm{d}\tau' \int_0^{\tau'} \mathrm{d}\tau b_2(\tau) \approx -\frac{5}{24}t^2 + \frac{1}{2}t - \frac{7}{144} \tag{4.29}$$

对 GUE 有

$$\int_0^t \mathrm{d}\tau' \int_0^{\tau'} \mathrm{d}\tau\, b_2(\tau) = t/2 - 1/6 \tag{4.30}$$

将式 (4.29) 和式 (4.30) 代入式 (4.27) 可以看出，t^2 项在保真度的衰减中占主导作用，并且保真度随 ε^2 的指数规律衰减。这与数值仿真得到的衰减规律 (4.22) 是一致的，因此量子混沌系统的量子计算保真度在静态干扰下的高斯衰减规律是一种普适行为。

4.4.3 可逆性

在经典混沌系统中，初始状态任意小的扰动将使相空间中的轨迹随时间产生指数偏移。因此经典计算机不可避免的舍入误差导致经典混沌仿真是不可逆的：对混沌系统的某一初始状态仿真时间 t 后，对其进行反演，直到 $2t$ 时刻，此时不可能还原得到系统初始状态。

而对阿诺德猫映射 (Arnold cat map) 的研究发现，量子算法即使在干扰存在的情况下也能较长时间地精确模拟混沌系统，并且表现出可逆性[23]。为了分析 QKH 量子计算能否稳定模拟混沌系统，我们采用扰动 QKH 量子仿真算法中周期驱动力 K 的方法模拟经典干扰，在算法的每一次迭代时对 K 加一小的随机干扰 δK。图 4.16 示出经典混沌的 QKH 在参数 K 扰动和静态干扰时量子态的 Husimi 分布，图

中 $K=L=3$，静态干扰 $\varepsilon=1\times10^{-5}$, $n_q=8$。对经典干扰模型和静态干扰模型分别进行 30 次正向迭代和 30 次反演迭代，K 的干扰 $\delta K\in\left[-\frac{K}{100},\frac{K}{100}\right]$，初始状态对应相空间内的双曲不动点 $(\theta=\pi,p=0)$。从图中可以看出，经过反演后得到的状态 (图中最后一行) 与初始状态 (图中第一行) 基本相似，所以无论是静态干扰还是经典干扰，在 Husimi 分布表现相当混沌的情况下系统仍旧能够反演到初始状态。与经典混沌仿真中干扰的指数敏感性相比，量子计算机中干扰表现出完全不同的作用方式。产生这种不同的原因在于无论仿真系统的动力特性如何，量子计算的扰动态与未扰态之间“距离”由于量子力学的酉演化性质而保持不变。

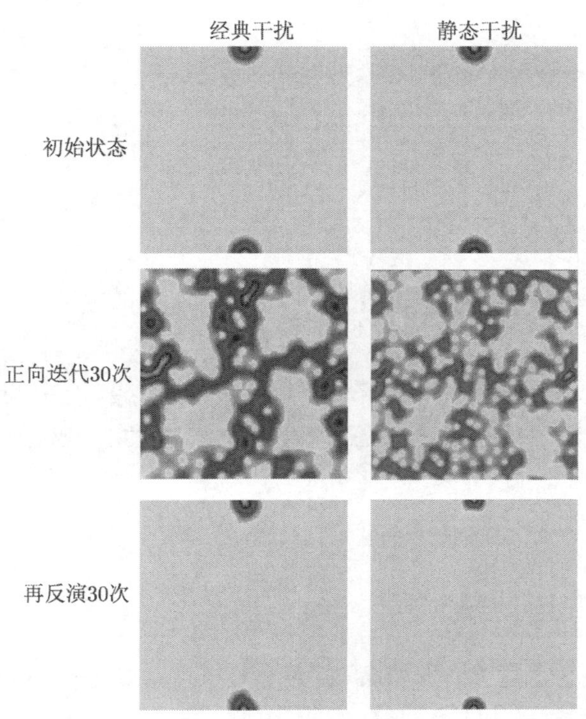

图 4.16　QKH 在经典干扰 (第 1 列) 和静态干扰 (第 2 列) 时的 Husimi 分布。第 1 行和第 2 行分别为系统初始状态和正向迭代 30 次后的 Husimi 分布。第 3 行是对第 2 行进行 30 次反演的 Husimi 分布

量子计算不但没有干扰的指数敏感性，反而在仿真混沌系统时表现得更加稳定。图 4.17 示出同一初始状态受到静态干扰时可积和混沌演化保真度的衰减。可以看出，在相同的干扰下，混沌系统的保真度衰减比可积时慢。其原因可以用线性响应近似方程 (linear response approximation formula) 解释[24]：当 $1-f(t)\ll1$ 时，

连续系统保真度衰减可表述为

$$f(t)=1-\frac{\varepsilon^2}{\hbar^2}\int_0^t\int_0^t C(t',t'')\mathrm{d}t'\mathrm{d}t''+O(\varepsilon^4) \tag{4.31}$$

其中 $C(t',t'')$ 为干扰算符的量子相关函数，在 QKH 干扰模型中，

$$C(j,k)=\langle U_s(j)\cdot U_s(k)\rangle-\langle U_s(j)\rangle\langle U_s(k)\rangle \tag{4.32}$$

在半经典极限下量子相关函数与经典相关函数类似，应用经典混沌理论可以推断混沌系统的相关函数衰减比经典系统快得多。因此式 (4.31) 中相关函数的二重积分在混沌系统中 $\propto t$，而在可积系统中 $\propto t^2$。导致混沌系统仿真中保真度衰减比可积系统慢。

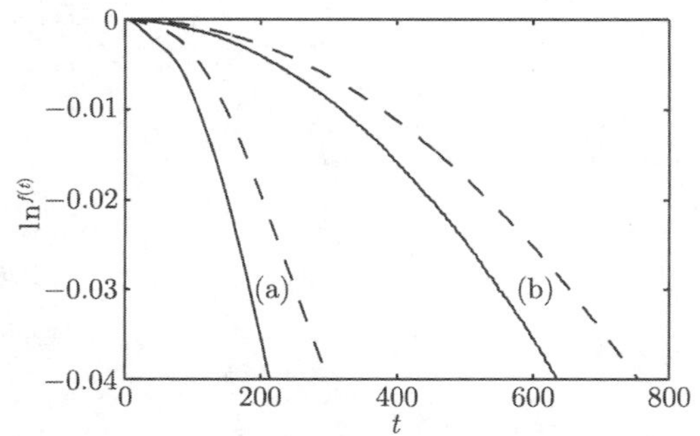

图 4.17 静态干扰下同一初始状态在规则运动 ($K=L=0.01$, (a) 组) 和混沌运动 ($K=L=3$, (b) 组) 下的保真度衰减。图中实线和虚线对应的干扰强度分别为 3×10^{-7} 和 2×10^{-7}。$n_q=9$

4.5 本 章 小 结

本章对 Ising 自旋模型、标准的 Grover 量子搜索算法和 QKH 仿真算法中存在的随机噪声干扰和静态干扰进行的分析表明，量子计算中干扰在大于某一阈值时将会产生混沌行为，从而产生不可信的计算结果。进一步的分析表明，静态干扰的阈值远远小于随机噪声干扰的阈值。保真度在随机噪声干扰存在的情况下随系统演化为指数衰减，而在静态干扰时为高斯衰减。通过分析理想环境中 QKH 模型的 Husimi 分布可以得出，与经典混沌仿真中存在对误差的指数敏感性不同，量子计算能够精确地仿真混沌系统，并且在一定的干扰强度下表现出可逆性。从量子计算的可逆性以及可信计算时间尺度随 n_q,ε 的多项式变化可以看出，量子计算并非如人们通常想象的那样脆弱。

参 考 文 献

[1] Barenco A, Bennett C H, Cleve R, et al. Elementary gates for quantum computation. Phys Rev A, 1995, 52:3457–3467.

[2] Georgeot B, Shepelyansky D L. Emergence of quantum chaos in the quantum computer core and how to manage it. Phys Rev E, 2000, 62:6366–6375.

[3] Rigol M, Dunjko V, Olshanii M. Thermalization and its mechanism for generic isolated quantum systems. Nature, 2008, 452:854–858.

[4] Santos L F, Rigol M. Onset of quantum chaos in one-dimensional bosonic and fermionic systems and its relation to thermalization. Phys Rev E, 2010, 81:036206.

[5] Rigol M, Santos L F. Quantum chaos and thermalization in gapped systems. Phys Rev A, 2010, 82:011604.

[6] Merkli M, Sigal I M, Berman G P. Decoherence and thermalization. Phys Rev Lett, 2007, 98:130401.

[7] Georgeot B, Shepelyansky D L. Quantum chaos border for quantum computing. Phys Rev E, 2000, 62:3504–3507.

[8] Nest W D, Briegel H J. Completeness of the classical 2D Ising model and universal quantum computation. Phys Rev Lett, 2008, 100:110501.

[9] Berman G P, Borgonovi F, Izrailev F M, et al. Delocalization border and onset of chaos in a model of quantum computation. Phys Rev E, 2001, 64:056226–056239.

[10] Celardo G L, Pineda C, Znidaric M. Stability of the quantum Fourier transformation on the Ising quantum computer. Int. J. Quantum Inf., 2005, 3:441–462.

[11] Mejía-Monasterio C, Benenti G, Carlo G G, et al. Entanglement across a transition to quantum chaos. Phys Rev A, 2005, 71:062324.

[12] Relaño A, Gomez J M G, Molina R A, et al. Quantum chaos and $1/f$ noise. Phys Rev Lett, 2002, 89:244102.

[13] Gomez J M, Relaño A, Retamosa J, et al. $1/f^{\alpha}$ Noise in spectral fluctuations of quantum systems. Phys Rev Lett, 2005, 94:084101.

[14] Santhanam M S, Bandyopadhyay J N. Spectral fluctuations and $1/f$ noise in the order-chaos transition regime. Phys Rev Lett, 2005, 95:114101.

[15] Gubin A, Santos L F. Quantum chaos: an introduction via chains of spins-1/2. Am. J. Phys., 2012, 80:246.

[16] Terraneo M, Georgeot B, Shepelyansky D L. Quantum computation and analysis of Wigner and Husimi functions: toward a quantum image treatment. Phys Rev E, 2005, 71:066215–066228.

[17] 徐躬耦. 量子混沌运动. 上海：上海科学技术出版社, 1995.

[18] Geisel T, Ketzmerick R, Petschel G. Metamorphosis of a Cantor spectrum due to classical chaos. Phys Rev Lett, 1991, 67:3635–3638.

[19] Gorin T, Prosen T, Seligman T H, et al. Dynamics of Loschmidt echoes and fidelity decay. Phys Rep, 2006, 435:33–156.

[20] Terraneo M, Shepelyansky D L. Imperfection effects for multiple applications of the quantum wavelet transform. Phys Rev Lett, 2003, 90:257902–257905.

[21] Benenti G, Casati G, Montangero S, et al. Efficient quantum computing of complex dynamics. Phys Rev Lett, 2001, 87:227901–227904.

[22] Gorin T, Prosen T, Seligman T H. A random matrix formulation of fidelity decay. New Journal of Physics, 2004, 6:1–29.

[23] Georgeot B, Shepelyansky D L. Stable quantum computation of unstable classical chaos. Phys Rev Lett, 2001, 86:5393–5396.

[24] Prosen T, Znidaric M. Stability of quantum motion and correlation decay. J Phys A: Math Gen, 2002, 35:1455–1481.

第 5 章　开放量子计算系统中的干扰与量子混沌

在第 4 章分析干扰对量子计算的影响时，假定量子系统与外部环境完全隔离，从而保证了系统的酉演化性质。然而在量子计算的物理实现中，量子系统不可避免地存在与外部环境的耦合，这种耦合作用将导致量子系统的部分信息流入环境，使系统产生耗散退相干，最终导致不可信的计算结果。因此本章主要研究耗散干扰对量子计算系统的影响。

开放量子系统的耗散退相干通常会使系统从初始的纯态演化为混合态 (在某些情况下，也可能从混合态转变为纯态)，因此需要使用密度矩阵描述系统状态的演化。在开放量子系统具有 Markov 性质的情况下，表征密度矩阵这种非酉演化的动力学方程是 Lindblad 形式的主方程[1]。当 n_q 大于几个量子比特时，直接求解 $N = 2^{n_q}$ 维量子状态的主方程将会非常困难。本章使用量子光学等领域常用的量子蒙特卡罗方法数值求解主方程，对系统多次随机演化后的状态求均值，计算可观测量的数值结果，有效地分析多量子比特组成的耗散系统。

5.1　耗散干扰模型

开放量子系统的部分信息将会流入外部环境，例如一个光子通过波导传播发生的随机散射或者原子自发地发射一个光子等，从而导致量子系统的耗散和退相干。此时量子计算不再保持其酉演化性质，所以把量子计算机与环境的这种相互作用看做耗散量子干扰。

在量子计算领域，退相干泛指一切使得系统的末态偏离理想态的过程，按其理论描述，可以分为相位退相干和振幅退相干。相位退相干指量子测量中的狭义退相干，它是一种单纯的解相过程；而振幅退相干是一种更复杂的退相干，它同时引起能量的耗散和解相过程。与退相干过程相对应，幅值阻尼信道 (amplitude damping channel)、相位阻尼信道 (phase damping channel) 和去极化信道 (depolarizing channel) 等是模拟耗散干扰的重要噪声模型。幅值阻尼是 (二能级) 原子由于自发跃迁而产生衰变的物理模型，它描述开放量子系统能量的耗散；相位阻尼信道描述系统无能量损失下的信息的丢失，是一种纯粹的量子力学性质的噪声。在幅值阻尼

信道中，自发辐射作用使得原子以概率 p 从激发态跃迁到基态，同时放出一个光子到环境中。对于环境的初始状态 $|0\rangle_e$，系统从激发态衰减为基态的同时，使环境的状态变为 $|1\rangle$

$$\begin{aligned}&|0\rangle_s|0\rangle_e \to |0\rangle_s|0\rangle_e\\&|1\rangle_s|0\rangle_e \to \sqrt{1-p}|1\rangle_s|0\rangle_e + \sqrt{p}|0\rangle_s|1\rangle_e\end{aligned} \tag{5.1}$$

其中 $|0\rangle_s$ 和 $|1\rangle_s$ 分别表示量子系统的基态和激发态。因此量子幅值阻尼的作用为

$$\rho \to \begin{bmatrix} \rho_{00} + p\,\rho_{11} & \sqrt{1-p}\,\rho_{01} \\ \sqrt{1-p}\,\rho_{10} & (1-p)\rho_{11} \end{bmatrix} \tag{5.2}$$

其中 $\rho_{00}, \rho_{01}, \rho_{10}, \rho_{11}$ 为密度矩阵 ρ 相应位置的元素。如果连续 n 次作用在系统上，那么密度算子元素 ρ_{11} 就变为

$$\rho_{11} \to (1-p)^n \rho_{11} \tag{5.3}$$

假设在 $\mathrm{d}t$ 时间内噪声信道改变一个量子比特状态的概率 $p = \gamma \cdot \mathrm{d}t/\hbar$($\gamma$ 为耗散干扰强度)，则系统在 t 时刻处于激发态的概率就是 $(1-\gamma\mathrm{d}t/\hbar)^{t/\mathrm{d}t} \to \mathrm{e}^{-\gamma\, t/\hbar}$，为指数规律衰减[2]。随着 $t \to \infty$，衰减概率趋近于 1，此时

$$\rho(t) \to \begin{bmatrix} \rho_{00} + \rho_{11} & 0 \\ 0 & 0 \end{bmatrix} \tag{5.4}$$

上式说明了在幅值阻尼信道作用下，即使系统初始时刻处于一个混合态，比如

$$\begin{bmatrix} \rho_{00} & 0 \\ 0 & \rho_{11} \end{bmatrix} \tag{5.5}$$

在 $t \to \infty$ 时，其最终状态也将处于一个纯态。

相位阻尼在物理上可以描述一个原子的电状态与远处电荷的交互作用发生摄动，或者一个光子通过波导传播发生的随机散射等情形[3]。在单量子比特的情况下，相位阻尼信道模型为

$$\begin{aligned}&|0\rangle_s|0\rangle_e \to \sqrt{1-p}|0\rangle_s|0\rangle_e + \sqrt{p}|0\rangle_s|1\rangle_e\\&|1\rangle_s|0\rangle_e \to \sqrt{1-p}|1\rangle_s|0\rangle_e - \sqrt{p}|1\rangle_s|1\rangle_e\end{aligned} \tag{5.6}$$

相位阻尼信道使初始密度矩阵 ρ 演化为

$$\rho \to \begin{bmatrix} \rho_{00} & (1-p)\rho_{01} \\ (1-p)\rho_{10} & \rho_{11} \end{bmatrix} \tag{5.7}$$

从上式可以看出，在相位阻尼作用下 ρ 的对角线上元素保持不变，而非对角元将随时间逐渐衰减为 0。这也是相位阻尼的一个特征性结果。

以上讨论的是单比特的退相干现象，当量子计算机的所有量子比特相互无关联地与环境耦合时，每个量子比特随机地与环境耦合，独立地发生退相干，因此彼此之间的退相干是无关的。如果存在 n_q 个量子比特，每个量子比特都独立地与环境耦合，那么量子计算机的退相干特征时间将是单比特时的 $1/n_q$ 倍。多量子比特发生独立退相干时的阻尼概率随其中包含的 $|1\rangle$ 状态的量子比特个数而增加。例如，对于 4 个量子比特的纯态 $\rho(0) = |1011\rangle\langle 1011|$ 在幅值阻尼信道作用下发生独立退相干，经过 $\mathrm{d}t$ 时间将演化为混合态

$$\rho(\mathrm{d}t) = \left(1 - \frac{3\gamma \cdot \mathrm{d}t}{\hbar}\right)|1011\rangle\langle 1011| + \frac{\gamma\,\mathrm{d}t}{\hbar}\Big(|0011\rangle\langle 0011| + |1001\rangle\langle 1001| + |1010\rangle\langle 1010|\Big) \tag{5.8}$$

“集体退相干”是另外一种多比特量子计算退相干的模型。当量子计算机处于低频的噪声场时，有可能存在多个量子比特同时与环境的某一个模式耦合，此时这些量子比特的环境是共同的，它们的退相干过程也是完全相同的[4]。发生集体退相干的物理条件是：量子比特的空间距离足够小，量子比特耦合于相同的环境模式，使环境无法区分任何一个量子比特。集体退相干时的退相干特征时间是单比特时的 $1/n_q^2$ 倍，因此与独立退相干过程相比，集体退相干过程要慢。同样对于纯态 $\rho(0) = |1011\rangle\langle 1011|$，假设发生集体退相干，经过 $\mathrm{d}t$ 时间演化为混合态

$$\rho(\mathrm{d}t) = \left(1 - \frac{\gamma \cdot \mathrm{d}t}{\hbar}\right)|1011\rangle\langle 1011| + \frac{\gamma\,\mathrm{d}t}{3\hbar}\Big(|0011\rangle\langle 0011| + |1001\rangle\langle 1001| + |1010\rangle\langle 1010|\Big) \tag{5.9}$$

5.2 量子蒙特卡罗方法

开放量子系统的动力学过程已经在量子光学等领域得到广泛研究。考虑到环境的自由度非常大，信息只是单向地流入环境而没有反馈，在 Markov 近似的情况下，开放量子系统的状态演化由 Lindblad 形式的主方程描述。对系统的 Markov 过程的假设使密度算子的记忆效应可以忽略，密度算子的状态只与它前一时刻有关。在 Born-Markov 近似下，Lindblad 形式的主方程通常可以写成

$$\dot{\rho} = -\frac{\mathrm{i}}{\hbar}[H_s, \rho] - \frac{1}{2}\sum_{\mu}\{L_\mu^\dagger L_\mu, \rho\} + \sum_{\mu} L_\mu \rho L_\mu^\dagger \tag{5.10}$$

其中 ρ 是系统的密度算子，H_s 为系统的哈密顿量，$[\cdot,\cdot]$ 和 $\{\cdot,\cdot\}$ 分别表示对易式和

反对易式，$L_\mu\,(\mu=1,\cdots,n_q)$ 为 Lindblad 算符。式 (5.10) 中前两项可以看做在有效哈密顿量 $H_{\text{eff}}=H_s-\mathrm{i}(\hbar/2)\sum\limits_\mu L_\mu^\dagger L_\mu$ 下的演化，则主方程可以简化为

$$\dot{\rho}=-\frac{\mathrm{i}}{\hbar}[H_{\text{eff}}\rho-\rho H_{\text{eff}}^\dagger]+\sum_\mu L_\mu\rho L_\mu^\dagger \tag{5.11}$$

此时主方程右边第一项可以看做密度矩阵 ρ 在哈密顿量 H_{eff} 作用下的演化，而第二项的作用是发生状态的量子跃迁[5]。对初始状态为 $\rho(t_0)=|\psi(t_0)\rangle\langle\psi(t_0)|$ 的纯态，经过 $\mathrm{d}t$ 时间，演化为混合态

$$\rho(t_0+\mathrm{d}t)=(1-\sum_\mu \mathrm{d}p_\mu)|\psi_0\rangle\langle\psi_0|+\sum_\mu \mathrm{d}p_\mu|\psi_\mu\rangle\langle\psi_\mu| \tag{5.12}$$

式中

$$|\psi_0\rangle=\frac{(1-\mathrm{i}H_{\text{eff}}\mathrm{d}t/\hbar)|\psi(t_0)\rangle}{\sqrt{1-\sum\limits_\mu \mathrm{d}p_\mu}} \tag{5.13}$$

为系统在哈密顿量 H_{eff} 作用下的演化状态，系统处于该状态的概率为 $1-\sum\limits_\mu \mathrm{d}p_\mu$。同时，系统有 $\mathrm{d}p_\mu$ 的概率处于某一跃迁状态 $|\psi_\mu\rangle$，跃迁后的状态 $|\psi_\mu\rangle$ 通过 Lindblad 算符 L_μ 以下式给出：

$$|\psi_\mu\rangle=\frac{L_\mu|\psi(t_0)\rangle}{\|L_\mu|\psi(t_0)\rangle\|} \tag{5.14}$$

而处于该跃迁状态的概率 $\mathrm{d}p_\mu$ 为

$$\mathrm{d}p_\mu=\langle\psi(t_0)|L_\mu^\dagger L_\mu|\psi(t_0)\rangle\mathrm{d}t \tag{5.15}$$

为了研究量子计算中的耗散和退相干，耗散干扰作用于构成量子线路的任意一对相邻的量子门之间。密度矩阵在经过量子线路中任一基本量子门的酉运算后，按照主方程 (5.10) 继续进行非酉演化，并且有 $H_s=0$，而 Lindblad 算符 L_μ 与算子和表示 (operator sum representation) 中的 Kraus 算符 E_μ 具有如下关系[3, 6]：

$$\begin{cases} E_0=1-\mathrm{i}H_{\text{eff}}\,\mathrm{d}t/\hbar, & \mu=0\\ E_\mu=L_\mu\sqrt{\mathrm{d}t}, & \mu>0\end{cases} \tag{5.16}$$

其形式取决于具体的耗散干扰噪声模型，例如对于 n_q 个量子比特集体退相干的情形，E_0, E_μ 在计算基态 $|i_{n_q-1}\cdots i_0\rangle$，$i_l=0,1\,(l=0,\cdots,n_q-1)$ 下分别表示为

$$(E_0)_{ij}=\begin{cases}1, & i=j=0\\ \sqrt{1-\dfrac{\gamma\,\mathrm{d}t}{\hbar}}, & i=j\neq 0\\ 0, & \text{其他}\end{cases} \tag{5.17}$$

$$(E_\mu)_{ij} = \begin{cases} \sqrt{\dfrac{\gamma\,\mathrm{d}t}{\hbar \sum\limits_{l=0}^{n_q-1} i_l}}, & j \geqslant 2^{\mu-1}, i = j - 2^{\mu-1} \\ 0, & \text{其他} \end{cases} \tag{5.18}$$

当 n_q 较大时，由于 Hilbert 空间维数 N 的指数增长，对于复杂的非线性系统通常无法得到主方程 (5.10) 的解析解，即使进行直接的数值求解都非常困难。使用量子蒙特卡罗的方法研究开放量子系统则比较方便[6, 7]。其方法是根据上述主方程对状态 $|\psi(t_0)\rangle$ 的演化规律，首先在 $[0,1]$ 内生成一均匀分布的随机数 δ，当 $\delta > \sum\limits_{\mu} \mathrm{d}p_\mu$ 时系统经过自由演化的终态为 $|\psi_0\rangle$，而当 $0 \leqslant \delta < \mathrm{d}p_1$ 时状态跃迁为 $|\psi_1\rangle$，$\mathrm{d}p_1 \leqslant \delta < \mathrm{d}p_1 + \mathrm{d}p_2$ 时跃迁为 $|\psi_2\rangle$，依次类推。仿真中 N 维系统状态 $|\psi\rangle$ 的一次演化称为一个量子轨迹。由于在量子轨迹方法中使用 N 维的向量，而不是 $N \times N$ 的密度矩阵 ρ 表示系统演化，所以尽管需要进行许多次量子轨迹的平均来求解主方程，它仍然比直接求解主方程更加有效。在得到 W 个量子轨迹后，密度矩阵可近似为

$$\rho(t_0 + \mathrm{d}t) \approx \frac{1}{W} \sum_{W} |\psi(t_0 + \mathrm{d}t)\rangle\langle\psi(t_0 + \mathrm{d}t)| \tag{5.19}$$

仿真实验表明，选取 $W = 150$ 时已经能够很好地近似主方程的解。对某一算符 O 的期望值可近似为

$$\langle O\rangle = \mathrm{tr}(O\rho) \approx \langle O\rangle_W \tag{5.20}$$

其中 $\langle\cdot\rangle_W$ 表示 W 个量子轨迹的系综平均。

5.3 耗散干扰对开放 Grover 量子搜索的影响

在弱马尔可夫噪声性质的开放系统中，Grover 量子搜索中的密度矩阵 $\rho(t)$ 按照式 (5.11) 进行演化。假定量子计算系统与环境之间以幅值阻尼信道的形式耦合，则 $L_\mu = \hat{a}_m\sqrt{\gamma}$，其中 $\hat{a}_m$ 表示第 m 个量子比特的湮没算符，γ 是每个量子比特在任一量子门操作时的衰减速率，即耗散干扰强度。使用上节所述的量子蒙特卡罗方法，可以求得密度矩阵 $\rho(t)$ 的近似数值解，如式 (5.19) 所示。

同第 4.3 节中静态干扰的分析类似，实现 Grover 量子搜索算法的 $n_q = 9$ 个量子比特被放置为一个方形晶格。首先分析耗散干扰对 Grover 算法中被标记条目 $|x'\rangle$ 对应的复系数幅值 $|\alpha|$ 的影响。图 5.1 示出了不同耗散干扰强度下幅值 $|\alpha|$ 随 Grover 迭代次数 t 的变化。从图中可以看出，随着耗散干扰强度 γ 的增加，被搜

索状态 $|x'\rangle$ 对应的幅值 $|\alpha|$ 很快衰减，导致 Grover 量子搜索失效。同静态干扰时的幅值 $|\alpha|$ 变化 (图 4.5) 不同，耗散干扰下的幅值衰减比较快，它的周期振荡特性不明显。

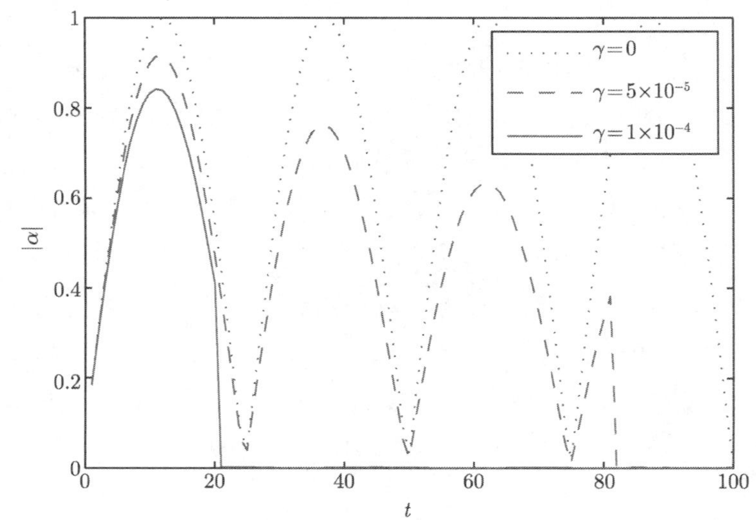

图 5.1 耗散干扰下 Grover 算法中待搜索状态 $|x'\rangle$ 对应的复系数幅值 $|\alpha|$ 随迭代次数 t 的变化

耗散干扰时，量子保真度 $f(t)$ 的变化见图 5.2。从图中可见，保真度的衰减与静态干扰时相比，没有周期振荡特性，而是呈现出快速的单调衰减的特点。

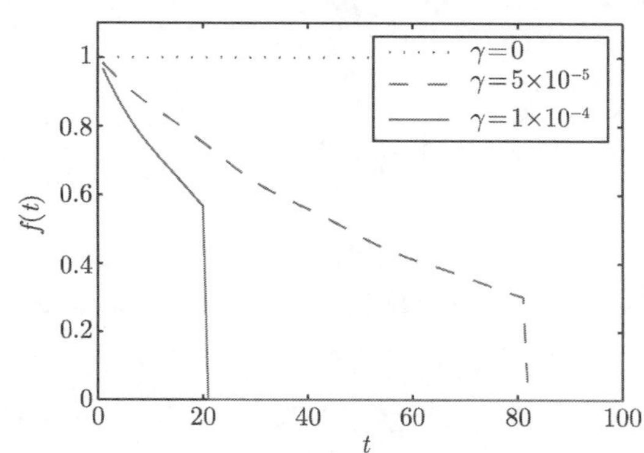

图 5.2 耗散干扰下 Grover 量子搜索的保真度 $f(t)$ 随迭代次数 t 的变化

耗散干扰强度分别为 $\gamma=5\times10^{-5}$ 和 1×10^{-2} 时的 Husimi 分布如图 5.3 所示。从图中可以看出，当 $\gamma=5\times10^{-5}$ 时，耗散干扰对 Grover 搜索的影响很小，而当 $\gamma=1\times10^{-2}$ 时，概率幅值都被转移到了其他基态上，被搜索状态的概率显著减小。

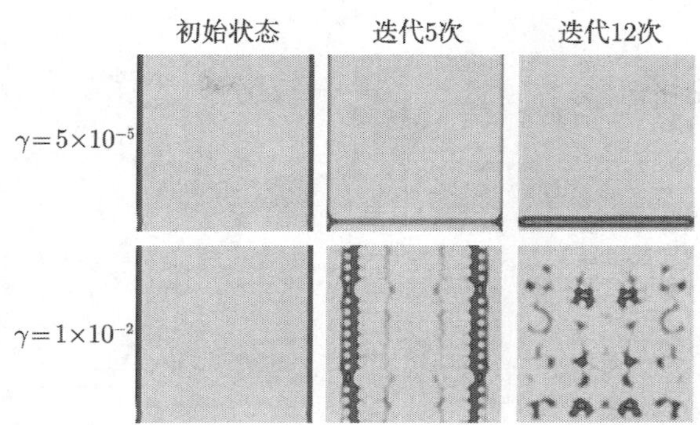

图 5.3 耗散干扰强度分别为 $\gamma=5\times10^{-5}$ (第 1 行) 和 $\gamma=1\times10^{-2}$ (第 2 行) 时 Grover 搜索的初始状态 $|x(0)\rangle$ (第 1 列) 和待搜索状态 $|x'\rangle$ 在经过 5 次迭代 (第 2 列) 以及 12 次迭代 (第 3 列) 后的 Husimi 分布

5.4 耗散干扰对开放 QKH 量子计算的影响

下面以相位阻尼噪声模型及集体退相干为例，分析耗散干扰引起的 QKH 模型中各种退相干效应以及耗散干扰对量子混沌仿真算法稳定性的影响等。

5.4.1 退相干效应

首先定量地研究耗散干扰对 QKH 动态局域化的影响。一个方便地表示模型在某一时刻局域化程度的特征量是反比参与率 IPR (inverse participation ratio)，它给出了系统状态幅值在特征状态上分布的个数。当波函数均匀地分布在 n 个特征状态上时，IPR 为 n。使用量子蒙特卡罗的方法，近似计算 IPR 为

$$\xi=1\Big/\sum_p|\psi(p)|^4\approx1\Big/\sum_p|\langle|\psi(p)|^2\rangle_W|^2 \tag{5.21}$$

图 5.4 示出部分局域化的 QKH 模型的 IPR 随耗散干扰强度和演化次数的变化，图中 $K=4$，$L=5$，$n_q=6$，系统初态为 $|\psi(t_0)\rangle=|p=0\rangle$。当耗散干扰强度 γ 很小时，局域化程度与理想 QKH 模型基本相同 —— 初始的波包首先做量子扩散，随后量子扩散运动停止并趋于饱和，处于局域化与非局域化并存的状态。当 γ 增大时，非局域化的特征状态越来越多，波包在相空间扩散的范围增大，局域化现象逐渐被破坏。当 γ 足够大时，IPR 达到最大的饱和值 (该值与模型 Hilbert 空间的维数相等)，此时所有特征状态的局域化现象消失。正是因为动态局域化是一种纯粹的量子相干现象，所以它对耗散干扰引起的退相干才会如此敏感。

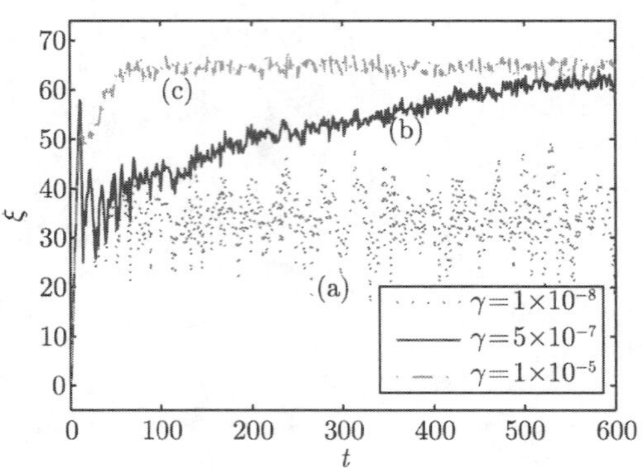

图 5.4　耗散 QKH 模型的反比参与率随演化次数 t 的变化。图中曲线 (a)~(c) 分别对应干扰强度为 $\gamma=1\times10^{-8},\gamma=5\times10^{-7}$ 和 $\gamma=1\times10^{-5}$

相位阻尼信道导致系统由初始的纯态向混合态转变的程度可以用 von Neumann 熵定量地表示[3, 8]。密度矩阵 ρ 的量子 von Neumann 熵定义为

$$S(\rho)=-\mathrm{tr}(\rho\log_2^{\rho})=-\sum_x\lambda_x\log_2^{\lambda_x} \tag{5.22}$$

其中 λ_x 为密度矩阵 ρ 的特征值。当系统为纯态时，von Neumann 熵为 0，当且仅当系统处于完全混合态 I/N 时，von Neumann 熵取其最大值，$S(I/N)=\log_2^N=n_q$。不同干扰强度下 QKH 密度矩阵的 von Neumann 熵随系统演化次数的增加见图 5.5。在 QKH 处于理想演化状态时，von Neumann 熵始终位于最小值 0。在中等干扰强度时，随着系统演化次数的增加，von Neumann 熵逐渐增大，表明密度矩阵

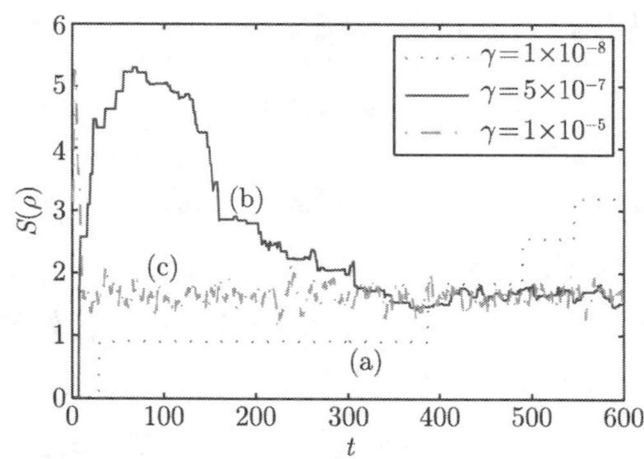

图 5.5　耗散 QKH 密度矩阵的 von Neumann 熵随演化次数 t 的变化。图中曲线 (a)~(c) 分别对应干扰强度为 $\gamma=1\times10^{-8},\gamma=5\times10^{-7}$ 和 $\gamma=1\times10^{-5}$

由纯态向混合态转变的程度在不断加强 (曲线 (a))。但是当 von Neumann 熵到达

某一最大值后，随着系统演化其值逐渐减小，并在一稳定值附近波动 (曲线 (b) 和 (c))。此稳定值对应于相位阻尼噪声模型中密度矩阵的非对角元素随时间而指数地衰减为零时的情形。从图中还可以看出，干扰强度越大，von Neumann 熵到达稳定值所需的演化次数越少。

5.4.2 耗散干扰下的保真度衰减

使用量子蒙特卡罗方法，我们计算了相位阻尼噪声干扰下 QKH 模型的 Husimi 分布函数。图 5.6 示出一个高斯波包在 QKH 随机网结构上的扩散 (比较图 3.2)。初态为相空间中心点附近的一个高斯波包，8×8 个相格，每个相格的尺寸为 $(0\leqslant\theta<2\pi,\ -\pi\leqslant p<\pi)$，波包宽度 $w=\sqrt{\hbar/2}$ (有效 Planck 常数 $\hbar=2\pi(8\times 8)/N$)。$n_q=11$，$K=L=0.6$，经过 100 次耗散 QKH 仿真算法迭代 (为了使网状结构更清楚，增大了图中对比度)。从图中可以看出，当耗散干扰强度 γ 较小时，随机网结构很好地保持了无干扰时的形状；随着干扰强度 γ 增强，随机网结构被破坏，相空间的对称性消失。由此可见，耗散干扰易于破坏量子计算的稳定性，产生不可信的计算结果。

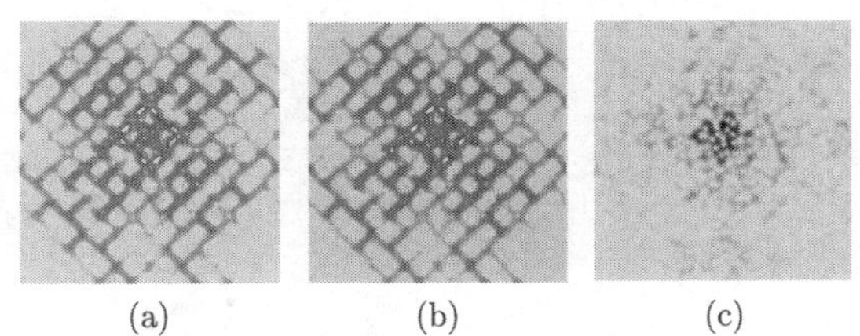

(a) (b) (c)

图 5.6 开放 QKH 模型演化终态 $|\psi\rangle$ 的 Husimi 随机网结构分布。图 (a)~(c) 分别对应耗散干扰强度 $\gamma=0, \gamma=1\times 10^{-8}$ 和 $\gamma=1\times 10^{-6}$

为了研究耗散干扰对量子计算稳定性的影响，我们定量分析 QKH 状态保真度随系统演化次数的衰减规律。使用耗散仿真算法，根据 W 个量子轨迹得到保真度的近似值为

$$f(t)\approx\frac{1}{W}\sum_{W}|\langle\psi(t)|\psi_\gamma^W(t)\rangle|^2 \tag{5.23}$$

因为在耗散量子计算中，每个量子比特经过一个量子门变换后维持其原状态不变的概率下降为 $\exp(-\gamma)$ 倍，所以 n_q 个量子比特经过一个量子门操作后保真度下降为 $\exp(-An_q\gamma)$ 倍 (式中 A 为一常数)。经过 n_g 个基本量子门的量子计算后，得到系统状态的保真度衰减规律为

$$f(t)\approx\exp(-\lambda t)=\exp(-An_qn_g\gamma t) \tag{5.24}$$

图 5.7 示出在规则运动或混沌运动时，保真度随演化次数 t 变化的仿真结果。图中纵轴 $f(t)$ 取对数坐标，系统初态对应相空间中心点附近一高斯波包。从图中可以看出，对于小的耗散干扰强度 γ，保真度能够长时间按照近似的指数规律衰减；当 γ 较大时，保真度在较短的时间内为指数衰减，随后由于演化算符能谱的不连续性引起保真度在一较小值附近波动。在耗散量子面包师变换和量子锯齿映射等的量子计算中发现保真度具有同样的指数衰减性质[9, 10]。因此可以推断保真度随时间的指数衰减是耗散量子系统的一种普适行为。

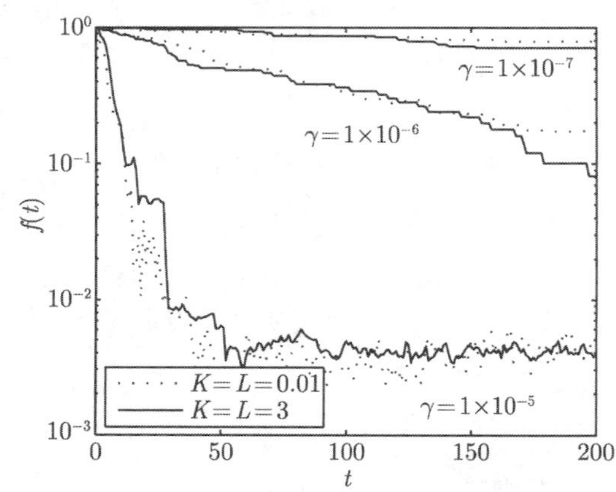

图 5.7　保真度随耗散 QKH 模型演化次数 t 的衰减曲线。上面两对曲线对应 $n_q=8$，下面一对曲线对应 $n_q=9$

比较图中相同干扰强度下规则运动和混沌运动的保真度曲线还可以看出，系统的动力学特性对耗散干扰下的保真度衰减几乎没有影响；这与静态干扰下混沌系统的量子计算更加稳定的特性完全不同[11]。由于耗散干扰破坏了系统的酉演化性质，此时保真度衰减不能像静态干扰那样使用干扰算符量子相关函数的线性响应近似理论解释。考虑到主方程中 Lindblad 算符与系统动力特性无关，并且相邻两个基本量子门之间 $H_s=0$，系统的保真度和动力学特性无关是合理的。我们将在下一小节对耗散干扰和静态干扰做进一步的比较。

5.4.3　耗散干扰和静态干扰的比较

在静态干扰下，根据式 (4.22)，QKH 模型的保真度为高斯衰减，$f(t)\sim\exp[-n_q(\varepsilon n_g t)^2]$，其中 ε 表示静态干扰强度。如果固定可信计算时间尺度 t_f 对应的保真度阈值为 $f(t_f)=0.9$，则在静态干扰强度 $\varepsilon\leqslant\varepsilon_{ch}$ 时，有 $t_f=C/(\varepsilon n_g n_q^{1/2})$ (式 (4.23))。其中 C 为一常数，静态干扰阈值 $\varepsilon_{ch}=2^{-n_q/2}/(n_g n_q^{1/2})$。当 $\varepsilon>\varepsilon_{ch}$

时[12]，

$$t_f = 1/(10\varepsilon^2 n_q n_g^2) \tag{5.25}$$

根据耗散干扰时保真度的指数衰减规律 $f(t) \approx \exp(-An_q n_g \gamma t)$，得到可信计算时间尺度 t_f 为

$$t_f \approx 1/(n_q n_g \gamma) \tag{5.26}$$

因此当 $\gamma = \varepsilon \leqslant \varepsilon_{ch}$ 时，耗散干扰下的 t_f 随 γ 的变化与静态干扰时相同，但是耗散干扰下 t_f 随 n_q 的增大而减小得比静态干扰时快，此时耗散干扰比静态干扰具有较大的危害性。当 $\gamma = \varepsilon > \varepsilon_{ch}$ 时，耗散干扰下的可信计算时间尺度 t_f 随 n_q 或 γ 的增加而减小得比静态干扰时慢，此时静态干扰更易于破坏量子计算稳定性。

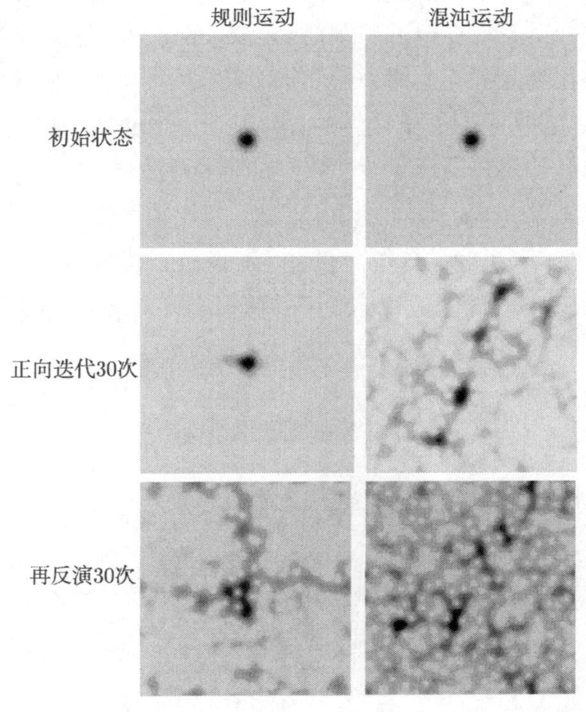

图 5.8　耗散 QKH 在规则运动 ($K = L = 0.01$，第 1 列) 和混沌运动 ($K = L = 3$，第 2 列) 时的 Husimi 函数在 $(\theta \in [0, 2\pi), p \in [-\pi, \pi))$ 相平面的分布。图中第 1 行显示系统初态对应相空间的中心点，第 2 行为经过 30 次 QKH 迭代的 Husimi 分布，第 3 行对第 2 行状态进行 30 次反演迭代

QKH 量子仿真算法在静态干扰存在的情况下，仍然能够长时间精确模拟系统的混沌运动，并且在适度的干扰强度下表现出状态的可逆性[11]。图 5.8 给出 QKH

模型相空间一个高斯波包在耗散干扰下经过 30 次正向迭代和 30 次反演迭代后的 Husimi 分布，图中 $n_q = 8, \gamma = 1.5 \times 10^{-6}$。可以看出，无论是规则运动还是混沌运动，在耗散干扰下初始状态经过进一步反演后的 Husimi 分布不仅没有返回到初始状态，反而比反演迭代前具有更强的遍历性。因此耗散干扰下不存在状态的可逆性，其原因在于耗散干扰破坏了量子 QKH 的酉演化性质，扰动态与未扰态之间的距离无法保持。

5.5 本章小结

量子系统与外部环境的相互作用导致系统的耗散和退相干。使用量子蒙特卡罗方法对开放 QKH 模型在相位阻尼噪声模型下的研究表明，退相干作用将破坏 QKH 的动态局域化现象和相空间中的随机网结构。和静态干扰相比，在干扰强度较小时耗散干扰更容易影响量子计算的稳定性。由于耗散干扰是一种非酉性质的干扰量，它导致量子计算在适度干扰强度下的可逆性丢失，并且无法长时间稳定地模拟量子混沌系统。从耗散干扰的退相干效应和耗散干扰下量子计算保真度衰减规律以及可信计算时间尺度的分析可以看出，耗散干扰对量子计算有较强的负面影响，因此在设计高可靠性的大规模量子计算时必须对耗散干扰加以充分考虑。

参考文献

[1] Lindblad G. On the generators of quantum dynamical semigroups. Communications in Mathematical Physics, 1976, 48:119–130.

[2] 刘晓曙. 量子退相干中的量子控制问题研究. 北京: 清华大学, 2005.

[3] Nielsen M A, Chuang I L. 量子计算和量子信息 (二)—— 量子信息部分. 郑大钟，赵千川译, 北京: 清华大学出版社, 2005.

[4] 张勇. 量子计算机中量子噪声控制的理论研究. 合肥: 中国科学技术大学, 2004.

[5] Brun T A. A simple model of quantum trajectories. Am J Phys, 2002, 70:719–737.

[6] Carlo G G, Benenti G, Casati G, et al. Simulating noisy quantum protocols with quantum trajectories. Phys Rev A, 2004, 69:062317–062327.

[7] Molmer K, Castin Y. Monte Carlo wavefunctions in quantum optics. Quantum Semiclass Opt, 1996, 8:49–72.

[8] Wehrl A. General properties of entropy. Rev Mod Phys, 1978, 50:221–260.

[9] Zhirov O V, Shepelyansky D L. Dissipative decoherence in the Grover algorithm. The European Physical Journal D, 2006, 46:1–4.

[10] Lee J W, Shepelyansky D L. Quantum chaos algorithms and dissipative decoherence with quantum trajectories. Phys Rev E, 2005, 71:056202–056207.

[11] 叶宾, 谷瑞军, 须文波. 周期驱动的 Harper 模型的量子计算鲁棒性与量子混沌. 物理学报, 2007, 56:3709–3718.

[12] Frahm K M, Fleckinger R, Shepelyansky D L. Quantum chaos and random matrix theory for fidelity decay in quantum computations with static imperfections. Eur Phys J D, 2004, 29:139–155.

第6章　干扰下的量子关联动力学

纠缠以及非纠缠的量子关联在量子信息科学中扮演着不可或缺的量子资源的角色，许多量子信息处理任务都是基于它们而设计的，因此研究者对其定义、度量、动力学演化等进行了全面、细致和深入地研究。本章将主要讨论和总结在量子计算干扰下量子关联的动力学演化特性，并将其与通常情形下的动力学行为进行比较。当然，为了便于读者更好地理解本部分内容，本章也简单回顾了量子纠缠和非纠缠量子关联的定义和度量等概念。

6.1　量子纠缠及其度量

薛定谔于 1935 年首次在量子力学中引入了量子纠缠的概念和术语，并认为其是“量子力学的精髓”。人们通过不断地研究发现量子纠缠是一种奇特而又十分复杂的纯量子现象，反映了量子理论的本质 —— 相干性、或然性和空间非定域性，并且在蓬勃发展着的量子信息科学中有着广泛的应用；量子纠缠在经典物理中没有对应。量子纠缠的研究，早期主要停留在思辨的层次上，缺少实验的验证。但情况在 1964 年之后发生了根本改变，那一年，Bell 提出了他的著名定理，使得研究者能够通过实验来验证量子理论与局域性隐变量理论的预言，从而科学地揭示了量子纠缠的本质。目前为止的实验结果都有力地支持了量子力学概率解释，为量子纠缠在理论上正名、实验上确认，这进一步促使人们去研究量子纠缠，并把它应用到信息科学和计算机科学中去[1]。现在，纠缠已经在很多量子信息处理任务中扮演着重要的角色，例如，基于 Bell 定理的量子密码术、量子密集编码、量子隐形传态 (包括 EPR 对的隐形传态，即纠缠交换) 等。这些物理过程都是依赖于纠缠的，并且它们已经在实验上得以实现。事实上，在量子信息这一新兴的学科中，纠缠是一个处于核心地位的概念。研究者已经意识到，纠缠不再仅仅是一个哲学思辨的题目，而是诸多依靠经典资源无法实现的任务中必备的量子资源。虽然纠缠本身不携带信息，但它能帮助完成诸如降低经典通信复杂度、纠缠辅助定向、量子估计阻尼常数、频率标准提高和时钟同步等任务。在分开宏观距离的两方之间的量子通信方案中，纠缠也起着基础性的作用。另外，虽然纠缠对量子计算的加速效应仍不明确，但它也在量子计算的发展中扮演着重要的角色，例如基于测量的量子计算方案、单向量子计算和线性光学量子计算等方面。纠缠也为人们理解超辐射、超导和无序系统等诸多物理现象提供了新的视角。特别地，了解量子纠缠在模拟量子自旋系统中的作用能在显著改进该模拟方法的同时理解该方法的局限性。人们研究发现纠缠也能用来标识量子相变：相变点关联的发散通常伴随着适当定义的纠缠长度的发散。也正因为量子纠缠如此重要，研究者从纠缠的度量、动力学演化与调控以及量子纠缠的应用等方面对量子纠缠进行了全面、系统的研究。这里，简单介绍量子纠缠的度量，尤其关注两量子比特量子纠缠的度量。

6.1.1 纠缠态和可分态

首先给出纠缠态和可分态的定义。根据量子力学，总的 Hilbert 空间是子系统 Hilbert 空间的直积，也就是 $H=\bigotimes_{l=1}^{n}H_l$。叠加原则允许写出如下形式的量子态：

$$|\psi\rangle=\sum_{i_1,\cdots,i_n}c_{i_1,\cdots,i_n}|i_1\rangle\otimes|i_2\rangle\otimes\cdots\otimes|i_n\rangle \tag{6.1}$$

而这个量子态通常是不一定能被写成各个子系统的量子态的直积形式的，换句话说

$$|\psi\rangle\neq|\psi_1\rangle\otimes|\psi_2\rangle\otimes\cdots\otimes|\psi_n\rangle \tag{6.2}$$

研究者正是基于此来定义多粒子纯态纠缠态的：对于一个多体系统纯态，如果其不能被写成各个子系统量子态的直积，则称之为纠缠态。

在实验和实际情形下，研究者遇到的量子态大多不是纯态而是混合态，对于混合态不能再沿用纠缠纯态的定义。Werner 在 1989 年给出了纠缠混合态的定义[2]：如果一个多体系统的密度矩阵不能写成子系统直积态的凸集，那么它就是纠缠态。换言之，如果

$$\rho\neq\sum_i p_i\rho_1^i\otimes\cdots\otimes\rho_n^i \tag{6.3}$$

那么它就是纠缠的。相应地，一个量子态如果不是纠缠的，那么它就是可分态。需要注意的是，根据这里关于纠缠态的定义是很难在实际中判断一个量子态是否是纠缠的。事实上，可分性问题是纠缠的基本问题之一。此外，纠缠态的定义也可以从其他的角度提出，例如纠缠态就是无法用经典关联描述的态[3]。

对于 Hilbert 空间均为二维的两量子比特系统来说，常用的四个 Bell 纠缠态是

$$|\psi^{\pm}\rangle=\frac{1}{\sqrt{2}}(|0\rangle|1\rangle\pm|1\rangle|0\rangle),\ |\phi^{\pm}\rangle=\frac{1}{\sqrt{2}}(|0\rangle|0\rangle\pm|1\rangle|1\rangle) \tag{6.4}$$

它们通常也被称作 EPR 态。对于这些量子态，如果测量其中一个子系统的状态，将各以 50% 的概率得到 $|0\rangle$ 或 $|1\rangle$，无法得到该子系统的任何信息。同时，对两子系统中的任意一个施行适当的幺正操作，将可以使四个量子态之间互相转换。Bell 态是更高维两体量子系统最大纠缠态的特例，对于由两个 d 维子系统所组成的系统，其最大纠缠态为

$$|\psi\rangle = U_A \otimes U_B|\Phi_d^+\rangle_{AB} \tag{6.5}$$

其中 $|\Phi_d^+\rangle = \frac{1}{\sqrt{d}}\sum\limits_{i=1}^{d}|i\rangle|i\rangle$。

有了纠缠态的定义，很自然地有如下问题：怎样判断一个量子态是否纠缠以及纠缠的程度。这两个问题分别对应着可分性判据和纠缠度量。

6.1.2 可分性判据

可分性判据要解决的是这样一个问题：给定任意一个量子态，如何判断它是否可分离或是否存在纠缠。可分性判据是量子纠缠研究的一个重要方面，但从数学上讲，可分性判据的研究是一个很困难的问题，不过研究者还是取得了一些可喜的研究成果。虽然 Bell 不等式最初并不是为了研究可分性而得到的，但 Werner 曾从 Bell 不等式出发得到了可分性的第一个必要性条件[2]。在他的文章中指出可分态应该满足所有可能的 Bell 不等式。

其他重要的可分性判据还有：

Peres 判据：Peres提出了一个关于可分性的很强的必要条件，即正的部分转置判据[4]。该判据告诉我们，如果一个量子态 ρ_{AB} 是可分的，那么它的部分转置 $\rho_{AB}^{\mathrm{T}_B}$ 也是一个表示量子态的密度算符，或者说它有非负的本征值谱。这里，$\rho_{AB}^{\mathrm{T}_B}$ 是这样定义的

$$\langle m|_A\langle\mu|_B\rho_{AB}^{\mathrm{T}_B}|n\rangle_A|\nu\rangle_B = \langle m|_A\langle\nu|_B\rho_{AB}|n\rangle_A|\mu\rangle_B \tag{6.6}$$

T_B 称为部分转置算符，下标 B 表示这里是对第二个子系统进行部分转置。也就是说，当 ρ_{AB} 为可分态时，对两子系统中任意一子系统做部分转置后的矩阵仍然是密度矩阵。随后，Horodecki 等用正定算子的数学方法证明了当子系统密度矩阵是 2×2 或 2×3 时，此判据是充分必要的，即当由 2×2 或 2×3 子系统复合的态 ρ_{AB} 可分，当且仅当其部分转置仍是密度矩阵[5]。

约化判据：Horodecki、Cerf 等在 1999 年提出了约化判据：如果量子态可分，则

$$\rho_A \otimes I_B - \rho_{AB} \geqslant 0 \tag{6.7}$$

$$I_A \otimes \rho_B - \rho_{AB} \geqslant 0 \tag{6.8}$$

对子系统是 2×2 或 2×3 的特殊情形，Peres 判据与约化判据等价；而对子系统是高维的情形，Peres 判据比约化判据强。这里所说的 Peres 判据比约化判据强，指的是存在一些态能用 Peres 判据去识别而不能用约化判据去识别，也就是 Peres 判据能识别一些约化判据无法识别的态。

控制判据：Nielsen 和 Kempe 在 2001 年给出了控制判据[6]。想要理解这个判据，首先需要弄清楚控制的概念，这里简单介绍下控制这个概念。假设两个 n 维实矢量 $x = (x_1, x_2, \cdots, x_n)^{\mathrm{T}}$，$y = (y_1, y_2, \cdots, y_n)^{\mathrm{T}}$ 的各个分量分别满足 $x_1 \geqslant x_2 \geqslant \cdots \geqslant x_n$，$y_1 \geqslant y_2 \geqslant \cdots \geqslant y_n$，如果当 $k = 1, 2, \cdots, n-1$ 时，有关系式

$$\sum_{i=1}^{k} x_i \leqslant \sum_{j=1}^{k} y_j \tag{6.9}$$

成立；且当 $k = n$ 时上式等号成立，则称 $x \prec y$，读作 “x 被 y 控制”，表示 x 比 y 更混乱。如果将密度矩阵 ρ_{AB} 的本征值按从大到小的顺序排列而成的矢量为 $\lambda(\rho_{AB})$，Nielsen 等给出了控制判据：如果 ρ_{AB} 为可分态，那么

$$\lambda(\rho_{AB}) \prec \lambda(\rho_A),\ \lambda(\rho_{AB}) \prec \lambda(\rho_B) \tag{6.10}$$

其中 $\lambda(\rho_A)$，$\lambda(\rho_B)$ 分别是约化密度矩阵 ρ_A，ρ_B 的本征值从大到小排列而形成的矢量。当矢量 $\lambda(\rho_A)$，$\lambda(\rho_B)$ 的维数不够时，可添加 0 使得它们的维数与 $\lambda(\rho_{AB})$ 相同。虽然约化判据与控制判据极为相似，但确实存在这样一些量子态，他们满足控制判据而不满足约化判据。在子系统为 2×2 或 2×3 的特殊情形下，满足约化判据的量子态一定满足控制判据[7]。

此外，还有其他几个重要的可分性判据，它们分别是可以识别束缚纠缠态的重排判据[8, 9]，包含 Peres 判据、重排判据为特例的推广的部分转置 (GPT) 判据[10]，包含 GPT 判据为特例的推广的约化判据[11] 等判据，这里不再一一赘述。

6.1.3 纠缠度量

在判定了一个态是纠缠态以后，紧接着的一个问题便是如何表示纠缠的程度，为此人们引入纠缠度的概念。根据考虑问题角度的不同，纠缠度量定义的形式不同。

纠缠的量化最先是和其在量子通信中的应用联系在一起的。通常，利用一个两量子比特最大纠缠态 $|\phi^+\rangle = \dfrac{1}{\sqrt{2}}(|00\rangle + |11\rangle)$，研究者能进行单个量子比特的隐形

传态；而如果两量子比特态不是最大纠缠态，将不能进行可靠的隐形传态。但是，类比于香农通信理论，当有很多份该两量子比特态的拷贝时，研究者就能在一定程度上渐进地进行隐形传态。为了获得每份该态的拷贝能进行多少 (小于 1) 量子比特的隐形传态，研究者需要知道从每份拷贝中能够得到多少个 (小于 1) 最大纠缠态，这就是蒸馏纠缠的由来。

(1) 蒸馏纠缠 E_D。发送者 Alice 和接收者 Bob 拥有 n 份量子态 ρ 的拷贝，他们各自对这些拷贝进行局域操作和彼此间的经典通信 (LOCC 操作)。当 n 很大时，假设能够近似得到 m_n 个 EPR 对。如果 $m_n=0$，也就是得不到 EPR 对，那么蒸馏纠缠 E_D 就为 0。反之，就说 LOCC 操作构建了一个蒸馏方案，蒸馏率为 $R=\lim\limits_{n} m_n/n$。蒸馏纠缠就是所有可能的蒸馏方案中蒸馏率的最大值，它可以如下定义[12]

$$E_D=\sup\{r:\lim_{n\to\infty}\left[\inf\|\Lambda(\rho^{\otimes n})-\Phi^+_{2^{rn}}\|_1\right]=0\} \tag{6.11}$$

其中 $\Phi^+_{2^{rn}}=(|\phi^+\rangle\langle\phi^+|)^{\otimes rn}$, $\|\cdot\|_1$ 是迹范数。

(2) 纠缠消耗 E_C。它是基于为了产生一个量子态需要通信多少量子比特而定义的。它也能被转化成 $|\phi^+\rangle$ 数，也就是纠缠消耗 $E_C(\rho)$ 是研究者能够从每份量子态 ρ 的拷贝中通过 LOCC 操作获得的 $|\phi^+\rangle$ 的值。它的定义式是

$$E_C(\rho)=\inf\{r:\lim_{n\to\infty}\left[\inf_{\Lambda}\|\rho^{\otimes n}-\Lambda(\Phi^+_{2^{rn}})\|_1\right]=0\} \tag{6.12}$$

E_C 等于归一化的生成纠缠 E_F。蒸馏纠缠和纠缠消耗值一般是不相等的，只有对纯态二者才是相等的。

蒸馏纠缠和纠缠消耗是依据特定的量子信息处理任务来描述纠缠的，因此它们是根据某些量子信息方案的最优化而得到的。事实上，研究者也从公理的角度，认为一个好的量子纠缠度量需要满足一些共同的准则。

(1) 单调性。纠缠在 LOCC 操作下是非增的。这是最重要的一条准则，至今仍然在定义纠缠度量中起着重要的作用。Vedral 等首先提出纠缠度量的定义需要满足一定的准则，并且认为纠缠度量就是满足单调性准则以及其他一些准则的函数[13]。随后，Vidal 提出单调性是纠缠度量需要满足的唯一准则，其他的准则要么能够从这一基本准则推导得出，或者不是对每个纠缠度量都必须的，而只是针对特定的纠缠度量而言[14]。单调性准则的数学表达式是，对于任意的 LOCC 操作 Λ，要求

$$E(\Lambda(\rho))\leqslant E(\rho) \tag{6.13}$$

Λ 的数学表示通常可以写成可分操作，即 $\Lambda(\rho)=\sum_i(A_i\otimes B_i)\rho(A_i^\dagger\otimes B_i^\dagger)$ [13, 15]，这种数学表示可以很容易地推广到多体系统。需要指出的是，任意 LOCC 操作可以写成上式形式，反之能写成上式形式的不一定都是 LOCC 操作。关于单调性准则，一个易于理解的例子就是，在双方的 LOCC 操作下，四个 Bell 态之间可以相互转换，但是它们的纠缠却是相等的。

目前已知的纠缠度量通常都满足一个更强的准则：它们的平均值是不增的，也就是 $\sum_i p_iE(\sigma_i)\leqslant E(\rho)$，其中 $\{p_i,\ \sigma_i\}$ 是通过 LOCC 操作从量子态 ρ 得到的系综。这个准则最初被认为是纠缠度量必须满足的，现在发现单调性准则才是纠缠度量必须满足的；但是平均值不增对很多纠缠度量来说是易于证明的。

(2) 可分态纠缠为 0。对于可分态，任意纠缠度量给出的纠缠值都应该为 0。这个准则可以说明如下，如果一个纠缠度量满足单调性准则，那么对于可分态它的值应该为一常数。而一个可分态可以通过 LOCC 操作转变成任意其他可分态，所以对于可分态，任意纠缠度量给出的值必须是最小的。由此，就能得到可分态纠缠为 0 这一更为基本的准则。

其他准则。上述两个准则是任意纠缠度量都必须满足的基本准则。此外，纠缠度量还有一些其他有用的准则，包括归一化、极限情形下连续、凸集性等，在这里我们不再赘述，有兴趣的读者，可以参考有关量子纠缠的综述性文献[16]。

下面回顾一下满足公理性准则的量子纠缠的度量。

(1) 基于距离的纠缠度量。有一类纠缠度量基于这样一种常识，那就是如果这个态距离可分态越近，它的纠缠就越小[13]。这类纠缠度量就定义为待求态与集合 S 中的态的最近距离

$$E_{D,S}=\inf_{\sigma\in S}D(\rho,\sigma) \tag{6.14}$$

集合 S 在 LOCC 操作下是一个闭集。事实上，最初人们就定义其为可分态的集合。这样定义的纠缠度量在 LOCC 操作下是单调的。此外，用距离来定义纠缠度量，单调性不仅是量子纠缠度量必须满足的假设，也是该距离用来度量量子态可识别性的条件。因此，要求

$$D(\rho,\sigma)\geqslant D(\Lambda(\rho),\Lambda(\sigma)) \tag{6.15}$$

并且很明显地，当 $\rho=\sigma$ 时 $D(\rho,\sigma)=0$，这也意味 D 的非负性。更为重要的是，这个条件意味着 $E_{D,S}$ 的单调性。

一旦选定表示距离的数学表达式，通过替换在 LOCC 操作下为闭集的态的集合 S，就能够得到不同的纠缠度量。比如 $E_{D,\mathrm{PPT}}$，或者 $E_{D,\mathrm{ND}}$(基于待求态与不

可蒸馏态的距离定义的)。这里，基于 PPT 态集合而定义的纠缠度量 $E_{D,\mathrm{PPT}}$ 较容易计算。此外，态集合越大，纠缠度量给出的纠缠值越小，所以，比较可分态集合、PPT 态集合和不可蒸馏态集合，会发现

$$E_{D,\mathrm{ND}} \geqslant E_{D,\mathrm{PPT}} \geqslant E_{D,S} \tag{6.16}$$

(2) 凸集度量。凸集度量是基于如下方式获得纠缠度量方式的[17]：假如存在一个关于纯态的纠缠度量 E，利用凸集的概念将它推广到混合态 $E(\rho) = \inf \sum\limits_i p_i E(|\psi_i\rangle)$，其中 $\sum\limits_i p_i = 1$，并且 $p_i \geqslant 0$。在这样定义混合态的纠缠度量时，下确界是对态 ρ 的所有可能的分解 $\{p_i, |\psi_i\rangle\}$ 而言的。如果对某一特定的系综，能够得到下确界，则称该系综分解是最优的，此时 ρ 的纠缠就为该系综下的平均值。生成纠缠 E_F 就是根据这种方式建立的第一个纠缠度量。下面具体介绍两个根据这种方式建立的纠缠度量。

(a) Schmidt 秩。Schmidt 秩能够利用凸集的方式推广到混合态：

$$r_S(\rho) = \min\{\max_i [r_S(|\psi_i\rangle)]\} \tag{6.17}$$

其中 min 是对 ρ 的所有分解 $\rho = \sum\limits_i |\psi_i\rangle\langle\psi_i|$ 而言的，$r_S(|\psi_i\rangle)$ 则是相应纯态的 Schmidt 秩。

(b) 并协度 (Concurrence)。并协度最先是对两量子比特纯态提出，Wootters 给出了其凸集形式的推广并建立了在两量子比特情形下其和生成纠缠之间的关系[18]。对于任意一个两量子比特密度矩阵 ρ，其并协度的表达式为

$$C(\rho) = \max\left(\sqrt{\lambda_1} - \sqrt{\lambda_2} - \sqrt{\lambda_3} - \sqrt{\lambda_4}, 0\right) \tag{6.18}$$

其中 $\lambda_i (i = 1, \cdots, 4)$ 是自旋反转算符 $R = \rho(\sigma_y \otimes \sigma_y)\rho^*(\sigma_y \otimes \sigma_y)$ 的本征值按降序排列。R 中的 ρ^* 表示的是 ρ 的复共轭。并协度的取值从 0(非纠缠态) 到 1(两粒子最大纠缠态)。对于两量子比特态，并协度与生成纠缠 E_F 的关系是

$$E_F(\rho) = H\left(\frac{1 + \sqrt{1 - C^2(\rho)}}{2}\right) \tag{6.19}$$

其中 H 是二进制熵 $H(x) = -x\log_2 x - (1-x)\log_2(1-x)$。

当然，研究者还给出了很多其他的纠缠度量；然而它们都有着各种各样的不足：或是物理意义不够清晰，或是难以计算。因此在这里，不再一一介绍它们，有兴趣的读者可以参考相关的综述性文献[16]。

另外，在多体系统的情形下，量子纠缠度量的研究成果更少。研究者一直在试图分辨和量化真正的多体量子纠缠，第一个真正的多体纠缠度量是剩余混乱 (residual tangle) [19]。事实上，对多体系统，即使是其纯态的纠缠度量也仍然是一个挑战。

6.2 非纠缠量子关联及其度量

从十多年前开始，随着量子信息科学的诸多进展，研究者认识到量子关联比量子纠缠更为广泛和基础。除了量子纠缠作为一种特殊的量子关联以外，进一步地，研究者发现即便是可分的量子态中也含有非经典关联：即在没有量子纠缠的情况下，量子关联依然可能存在。1998 年，Knill 和 Laflamme 提出了著名的单量子比特确定性量子计算算法来有效地计算 n 维西矩阵的迹[20]。该算法被认为与经典算法相比，可以实现指数加速。要实现该算法，需要 $n+1$ 个量子比特，然而其中只有一个量子比特处于赝纯态，其余的 n 个量子比特都处于最大混合态，在这一系统中几乎没有量子纠缠。该结果在核磁共振 (NMR) 实验中得到了验证，从而使得研究者对量子纠缠是实现量子算法加速的唯一原因提出了质疑。而 Datta 等则计算了单量子比特确定性量子计算算法中的量子失协(quantum discord，它是量子关联的一种度量，下文将会详细阐述)，发现其与量子效率是规模相当的，而纠缠在该算法中则一直很小，近似为零[21]。另外，在分析量子理论中的信息度量时，研究者发现量子纠缠并不能刻画量子系统中的所有量子关联，某些非纠缠 (可分) 态也包含关联，甚至是非经典的关联。这些非经典的关联最初用量子失协来度量。

量子失协一经提出立刻引起了广泛的关注。人们已经发现几乎所有的量子态都含有量子失协，并研究了不同物理体系中量子失协的情况，包括自旋链、原子系统、光子系统、量子点以及 NMR 系统等。最近量子失协的概念还从分离体系推广到连续高斯态体系。此外，人们又提出很多不同的刻画量子关联的量，如测量诱导的扰动、几何量子失协和迹范数几何量子失协等；而 Modi 等利用距离相对熵的方法对量子关联进行了定义，这种方法同样也可以定义其他关联，包括经典关联、总关联和纠缠，这就为在同一个框架内考虑所有的关联提供了便利，而且他们的结果可以直接推广到多体高维系统[22]。量子关联在一些基本的物理问题中也起到重要的作用，如麦克斯韦妖、量子相变等，人们甚至开始研究具有相对论效应的量子失协。在这些研究的同时，研究者也考虑将量子关联应用在量子信息科学的许多方案和任务中。

量子关联在量子信息处理过程中的应用研究颇多。如前所述，量子失协被认为是来加速量子计算的资源。研究者也考察了量子失协和局域广播定理、量子态合并的关系。量子广播是量子克隆的推广之一，Piani 和 Horodecki 等发现，只能对完全经典关联的量子态实现依赖于局域操作的量子广播。进一步的研究发现，仅对经典–量子态能够实现介于完全局域和一般量子广播之间的单局域量子广播 (unilocal broadcasting)[23]。研究者也猜想量子失协可能是概率性的量子广播得以实现的必要条件。量子失协的第一个以任务为导向的解释出现在量子态合并中。量子态合并就是在 A、B、C 三方共享的三粒子纯态中，A 希望将其量子态传送给 B 的同时不破坏 B 和 C 之间的相干性。研究显示，从 A 到 B 之间的态合并和 A、C 之间以对 C 的测量得到的量子失协紧密相关，也就是量子失协量化了推广的量子态合并方案中所消耗的总纠缠。量子失协和使用量子方法锁定的经典信息是相等的这一结论也被证明。在两量子比特态、两个 d 维量子系统的各向同性态和 Werner 态中，研究者利用量子隐形传态的保真度来解释几何量子失协。更一般地，针对量子失协这一量子关联度量，其与所有两体单向无记忆量子通信方案的关系也已经给出。在一个更为一般的编码方案中，发送者希望利用一个两量子比特态将信息编码，而接收者则被要求解码其编码的信息。接收者对两个量子比特进行联合操作 (相干相互作用) 比仅能分别对每个量子比特进行局域操作具有优势的前提是当且仅当这个两量子比特态中存在量子失协，且发送者编码时所耗费的量子失协量限定了该优势的大小。这揭示了量子失协可以看成是给相干相互作用以优势的资源。量子关联也被认为是量子态远程制备和利用可分态实现纠缠分发的必备资源。由以上的介绍可以看出，量子关联已经成为诸多量子信息处理方案中必备的资源。

这里，先简单回顾一下两个常用的量子关联度量的定义。

6.2.1 量子失协

量子失协是从信息理论的角度定义的量子关联度量，它等于两个不同的量子互信息表达式的差[24, 25]。

互信息通常被用来度量两个系统之间的关联。经典物理中，它能够以两种不同的方式定义[26]。对于两个变量 X 和 Y，互信息的定义是

$$I(X,Y) = H(X) + H(Y) - H(X,Y) \tag{6.20}$$

其中 $H(X) = -\sum\limits_{x} p_x \log_2 p_x$ 是香农熵，而 p_x 是经典变量 X 取 x 的概率。$H(Y)$ 具有类似的物理意义。$H(X,Y)$ 代表 X 和 Y 联合概率分布的香农熵。利用 Bayes

定理，可以将上式中的互信息用条件熵 $H(X|Y)$ 重写为

$$I(X,Y) = H(X) - H(X|Y) \tag{6.21}$$

然而，将这两个在经典物理中相等的互信息表达式推广到量子物理中时，它们不再相等，且它们的差被定义为量子关联的度量，称之为量子失协。对于任一混合系统 ρ_{AB}，量子化的互信息表达式为

$$\mathcal{I}(\rho_{AB}) = S(\rho_A) + S(\rho_B) - S(\rho_{AB}) \tag{6.22}$$

其中 $S(\rho) = -\mathrm{tr}(\rho\log_2\rho)$ 表示的是以量子态描述的系统的 von Neumann 熵。这里的互信息也被认为是两体系统 ρ_{AB} 的总关联的度量表达式。

第二个经典互信息表达式推广到量子的情形较为复杂，因为直接用 von Neumann 熵来代替香农熵的话会使得对某些态其互信息为负值。为了克服这个缺点，可以对其中一个系统进行测量，假定为 B 系统，则基于测量的条件熵为

$$S(\rho_{A|B}) = \min_{\{B_i\}}\sum_i p_i S(\rho_{A|i}) \tag{6.23}$$

其中秩为 1 的投影测量 $\{B_i\}$ 是作用在 B 系统上的，$\rho_{A|i} = \mathrm{tr}_B[(I_A\otimes B_i)\rho_{AB}(I_A\otimes B_i)]/p_i$，而 $p_i = \mathrm{tr}_{AB}[(I_A\otimes B_i)\rho_{AB}(I_A\otimes B_i)]$，式中的 I_A 为子系统 A 的单位矩阵。利用条件熵的表达式，第二种经典互信息表达式在量子情形下的对应表示为

$$\mathcal{J}(\rho_{AB}) = S(\rho_A) - S(\rho_{A|B}) \tag{6.24}$$

该式通常也被用来度量两体系统的经典关联。对同一个系统，总关联和经典关联之差即为系统的量子失协[24, 25]

$$\mathcal{D}(\rho_{AB}) = \mathcal{I}(\rho_{AB}) - \mathcal{J}(\rho_{AB}) \tag{6.25}$$

量子失协具有以下一些性质[27, 28]：

(1) 和纠缠的关系：对于纯态，量子失协与量子纠缠相等；而对于混合态，它们一般不相等。

(2) 量子失协通常不是对称的，也就是说分别对 A、B 子系统进行 von Neumann 测量得到的量子失协是不相等的，即 $\mathcal{D}_A(\rho_{AB}) \neq \mathcal{D}_B(\rho_{AB})$。所以研究者也提出了基于双边测量从而得到对称化的量子失协。

(3) 很明显，$0 \leqslant \mathcal{D}(\rho_{AB}) < \mathcal{I}(\rho_{AB})$。

(4) 量子失协在局域酉操作下保持不变，也就是说 ρ_{AB} 和 $(U_A\otimes U_B)\rho_{AB}(U_A^\dagger\otimes U_B^\dagger)$ 所具有的量子失协量相同，这里 U_A 和 U_B 分别是子系统 A、B 上的酉操作。

(5) 当且仅当系统处于量子–经典态 $\rho_{AB}=\sum\limits_i p_i|i\rangle\langle i|\otimes\rho_B^i$ 时，其量子失协为零。这里 $|i\rangle$ 为子系统 A 的正交归一化基，ρ_B^i 是子系统 B 的约化密度矩阵。

(6) 通过局域操作可以由有经典关联但无量子失协的量子态产生量子失协。事实上，研究者后来发现，对于任意的非纠缠量子关联，都可以由作用在经典态上的局域操作产生。这一点与纠缠有本质区别，后者是不能通过局域操作在可分态上产生的。

(7) 不仅所有的纠缠态都有不为零的量子失协，也存在量子失协不为零的可分态，例如 $\rho_{AB}=(|0\rangle\langle 0|\otimes|+\rangle\langle +|+|+\rangle\langle +|\otimes|1\rangle\langle 1|)/2$，这里 $|+\rangle=(|0\rangle+|1\rangle)/\sqrt{2}$。

(8) 在量子失协的动力学演化过程中，量子失协比量子纠缠要更为平稳、更持久，且不会像量子纠缠那样会发生突然死亡现象。

量子失协可以很好地度量量子关联，但是它的计算非常困难。即使对于两量子比特态，也不存在解析表达式，仅对一些特殊的态可以解析计算其量子失协，例如 Bell 对角态 $\rho_{AB}=(I_4+\sum\limits_i c_i\sigma_i\otimes\sigma_i)/4$ 的量子失协表达式为[29]

$$
\begin{aligned}
\mathcal{D}=&\frac{1}{4}[(1-c_1-c_2-c_3)\log_2(1-c_1-c_2-c_3)\\
&+(1-c_1+c_2+c_3)\log_2(1-c_1+c_2+c_3)\\
&+(1+c_1-c_2+c_3)\log_2(1+c_1-c_2+c_3)\\
&+(1+c_1+c_2-c_3)\log_2(1+c_1+c_2-c_3)\\
&-\frac{1-c}{2}\log_2(1-c)-\frac{1+c}{2}\log_2(1+c)]
\end{aligned}
\tag{6.26}
$$

其中 $c=\max\{|c_1|,|c_2|,|c_3|\}$。

6.2.2 几何量子失协

虽然量子失协的物理意义清晰，但由于其可计算性较差，研究者也给出了其他的量子关联度量，几何量子失协就是其中具有代表性的一种，它是由 Dakić 等在 2010 年提出的[30]

$$
D_G(\rho_{AB})=\min_{\chi_{AB}}\|\rho_{AB}-\chi_{AB}\|^2 \tag{6.27}
$$

其中 $\min(\cdot)$ 是对所有量子失协为零的态 χ_{AB} 来说的，$\|\rho_{AB}-\chi_{AB}\|^2=\mathrm{tr}(\rho_{AB}-\chi_{AB})^2$，是 ρ_{AB} 和 χ_{AB} 的 Hilbert-Schmidt 距离的平方。

特别地，对于任意两量子比特态，以及更为一般的 $2\times n$ 维量子态，都可以解析地给出其量子失协的表达式。对于两量子比特态，其一般形式为

$$\rho_{AB}=\frac{1}{4}\left(I\otimes I+\sum_{i=1}^{3}x_i\sigma_i\otimes I+\sum_{i=1}^{3}y_iI\otimes\sigma_i+\sum_{i,j=1}^{3}w_{ij}\sigma_i\otimes\sigma_j\right)\tag{6.28}$$

其中各个相关的参数分别为 $x_i=\mathrm{tr}\rho(\sigma_i\otimes I)$，$y_i=\mathrm{tr}\rho(I\otimes\sigma_i)$，$w_{ij}=\mathrm{tr}\rho(\sigma_i\otimes\sigma_j)$。$x=(x_1,x_2,x_3)^{\mathrm{T}}$ 和 $y=(y_1,y_2,y_3)^{\mathrm{T}}$ 分别是子系统约化密度矩阵 ρ_A 和 ρ_B 的 Bloch 矢量，而 $W:=\{w_{ij}\}$ 是两体量子态的关联矩阵。对于该式表示的量子态 ρ_{AB}，其几何量子失协为[30, 31]

$$D_G(\rho_{AB})=\frac{1}{4}(|x|^2+\|W\|^2-\lambda_{\max})\tag{6.29}$$

其中 $\lambda_{\max}$ 是矩阵 $K=xx^{\mathrm{T}}+WW^{\mathrm{T}}$ 的最大本征值。

几何量子失协也可以表示成单边 von Neumann 测量对两体量子态所带来的最小扰动[32]，即

$$D_G(\rho_{AB})=\min_{\Pi_A}\|\rho_{AB}-\Pi_A(\rho_{AB})\|^2\tag{6.30}$$

其中 $\Pi_A(\rho_{AB})=\sum\limits_i(\Pi_A^i\otimes I_B)\rho_{AB}(\Pi_A^i\otimes I_B)$。

此外，对于任意的两体纯态和一些高度对称的态，都可以给出几何量子失协的解析表达式。但是，对于一般的两体量子态，几何量子失协的解析表达式目前仍没有得到。

近来，有研究者指出，几何量子失协用来度量量子关联存在着不足，因为对未测量量子系统施以局域反转操作将会使得几何量子失协增加，主要原因在于 Hilbert-Schmidt (2-norm) 距离的应用。因此，研究者改变距离的度量，例如采用 1-norm 距离、skew 信息等，从而给出了不同的量子关联。在这里不再一一列举，感兴趣的读者可以参考相关的综述文献[27]。

6.3 量子陀螺模型中量子关联的动力学研究

周期驱动的量子陀螺模型的哈密顿函数为

$$H(t)=\frac{\hbar\alpha}{2j\tau}J_z^2+\hbar\gamma J_y\sum_{m=-\infty}^{\infty}\delta(t-m\tau)\tag{6.31}$$

其分形特性在 3.2.3 节已详细讨论。Madhok 等利用量子失协作为判别量子混沌出现的特征量，研究了周期驱动的量子陀螺模型中任意两个量子比特之间量子失协

的演化，得到了系统在规则运动时量子失协具有类周期性，而在混沌运动时不具有类周期性的结论[33]。

在研究周期驱动的量子陀螺模型中的量子关联时，首先假定 $\gamma=\pi/2$，此时 α 就成为唯一的混沌参数。经典陀螺映射的动力学特性与两个参数 α 和 γ 之间的关系，以及直角坐标 (X,Y,Z) 和球坐标 (θ,ϕ) 之间的映射关系也在 3.2.3 节有所论述。当量子陀螺模型处于量子混沌运动时，如果 $j\gg 1$，哈密顿量就能用适当系综中选出的随机矩阵来模拟，而正是这种随机性导致可以进行各态历经的混合的量子系统分析。

如果 $N=2j$ 个自旋 -1/2 粒子或者量子比特的角动量之和为 j，则总的角动量可以认为是 j。对于该模型，这些量子比特是全同的，整个系统在任意交换两量子比特时是保持不变的。因此，任意一个量子态被局限在由基 $\{|j,m\rangle,m=-j,-j+1,\cdots,j-1,j\}$ 张成的对称的子空间中。

为了探索量子关联动力学，必须选择一个合适的初态，这里选择一个自旋相干态为初态，其表达式为

$$|\theta,\phi\rangle=R(\theta,\phi)|j,j\rangle \tag{6.32}$$

其中 $-\pi\leqslant\phi\leqslant\pi$，$0\leqslant\theta\leqslant\pi$，$R(\theta,\phi)=\exp\{\mathrm{i}\theta[J_x\sin\phi-J_y\cos\phi]\}$。这里角动量算符 J 的期望值为 $\langle\theta,\phi|J/j|\theta,\phi\rangle=(\sin\theta\cos\phi,\sin\theta\sin\phi,\cos\theta)$。

下面讨论量子关联的动力学演化。对于一个多量子比特态，通过求部分量子比特的迹得到两量子比特的约化密度矩阵，而从这两量子比特态就可以计算该两量子比特系统的量子关联。正如前面所说，在这里，自旋相干态被选为初态。首先选择 $\gamma=\pi/2,\alpha=3$ 时的 4 个不同的 (θ,ϕ) 点，也就是 4 个不同的初始态，分别是：$(\theta,\phi)=(2.25,0.63)$，对应规则运动区域的初态；$(\theta,\phi)=(2.25,0.90)$，混沌边缘的初态；$(\theta,\phi)=(2.25,1.05)$，介于规则与混沌边界处的初态；$(\theta,\phi)=(2.25,2)$，完全处于混沌区域的初态。这 4 个初始态下，量子失协随着时间的动力学演化如图 6.1 所示。从图中可以看出，当初态 $(\theta,\phi)=(2.25,0.63)$ 对应规则运动时，量子失协以比较低的速率增加并且呈现出准周期性震荡行为；而当初态是处于混沌 $(\theta,\phi)=(2.25,2)$ 中时，量子失协迅速变化达到一个准稳定态，且量子失协的准周期性震荡行为不再出现。这意味着，初态在经典相空间中从正常区域变化到混沌区域时，量子失协的动力学演化行为会呈现出明显的不同。

为了更清楚地表明量子失协的时间平均值随系统动力特性的变化，将参数 θ 固定为 2.25，得到图 6.2。从图中可以看出，当初态处在规则运动区域时，量子失协的平均值要比初态处在混沌区域时的量子失协的平均值小；且当初态从正常区

域变化到混沌区域时，量子失协的平均值呈现突然变化。因此，量子失协的平均值能够用来识别混沌区域的边界。

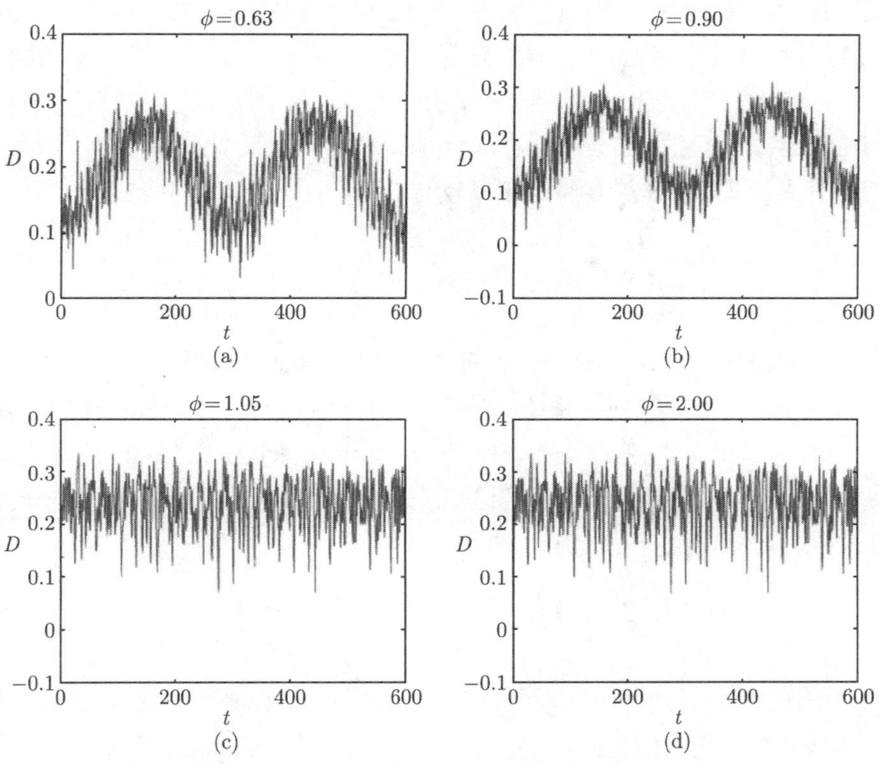

图 6.1 两量子比特系统量子失协随演化周期的变化[33]。子图对应的初态分别是：(a) $(\theta,\phi)=(2.25,0.63)$；(b) $(\theta,\phi)=(2.25,0.90)$；(c) $(\theta,\phi)=(2.25,1.05)$；(d) $(\theta,\phi)=(2.25,2)$

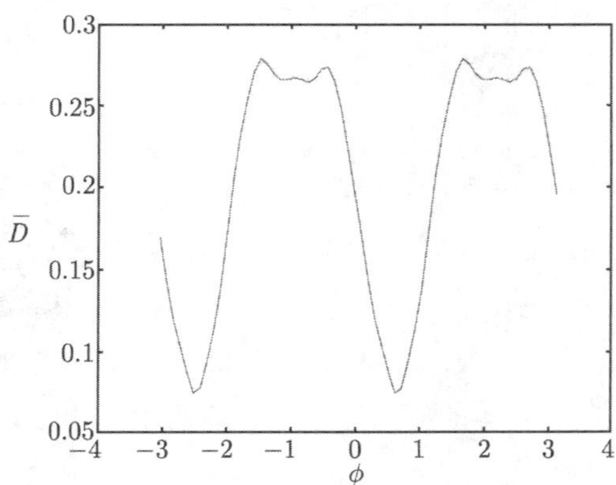

图 6.2 当 $\theta=2.25$ 时，量子失协的时间平均值随着初态参数 ϕ 的演化[33]

文献 [33] 还比较了量子失协、von Neumann 熵和并协度纠缠的动力学演化。这里量子失协考察任意两个量子比特之间的量子关联，von Neumann 熵考察其中两个量子比特和剩余的 $n-2$ 个量子比特之间的纠缠，而并协度纠缠则考察的是两个量子比特之间的纠缠。通过数值计算发现，量子失协与 von Neumann 熵的动力学演化行为非常类似，而与纠缠的演化行为几乎相反。量子失协和并协度纠缠都是对两量子比特系统而言的，其余的量子比特可以被看做环境，此时纠缠会发生突然死亡现象，而量子失协在混沌的情形下亦较为鲁棒。

6.4 QKH 模型中量子关联的动力学研究

本节将讨论封闭 QKH 量子计算系统中随机噪声干扰和静态干扰对量子纠缠和量子关联演化的影响。对于系统的一个初态，得到演化若干个周期之后的状态，对其中的部分量子比特进行求迹运算，可以得到剩余两量子比特的约化密度矩阵，也就是其量子态，从而考虑该两量子比特系统量子关联的动力学演化性质。这里我们选取的初态为高斯相干态，具体形式为

$$|\psi(\theta_0,p_0)\rangle = A\sum_p \mathrm{e}^{-(p-p_0)^2/4w^2-\mathrm{i}\theta_0 p}|p\rangle \tag{6.33}$$

它对应经典相空间中一个中心位于 (θ_0,p_0)、宽度为 w 的高斯波包，A 为归一化常数。在计算中仍然选取波包的尺寸为 $\Delta p=\Delta\theta=w$，$w=\sqrt{\hbar/2}$。

这里主要针对封闭 QKH 量子计算系统讨论和比较四种情况：无干扰的经典可积情形，存在随机噪声干扰的经典可积情形，存在静态干扰的经典可积情形，量子混沌情形。

首先讨论无静态干扰和随机噪声干扰的可积情形。对于第 3 章描述的 QKH 模型波函数的单周期演化方程

$$|\psi_{n+1}\rangle = \mathrm{e}^{-\mathrm{i}L\cos(\hbar\hat{p})/\hbar}\mathrm{e}^{-\mathrm{i}K\cos(\hat{\theta})/\hbar}|\psi_n\rangle \tag{6.34}$$

将系统中的参数 K 和 L 取值为 $K=L=0.01$。图 6.3 所示分别为根据式 (6.18) 和式 (6.27) 计算出的量子纠缠和几何量子关联随驱动周期数的演化情况。从图中可以看出，量子纠缠和几何量子关联都在 $n=5500$ 左右达到最大值，此时不论是纠缠还是其他量子关联的强度都是最大的。而二者的动力学演化特性却存在着显著的区别：纠缠在演化一段时间后突然衰减到零并持续一段时间，也就是发生了纠缠突然死亡现象，而后又突然产生；对几何量子关联而言，其一直存在，并没有突然

死亡现象的发生。这和之前人们研究马尔可夫和非马尔可夫环境中量子关联的动力学性质时得到的结论完全一致 [34-36]。

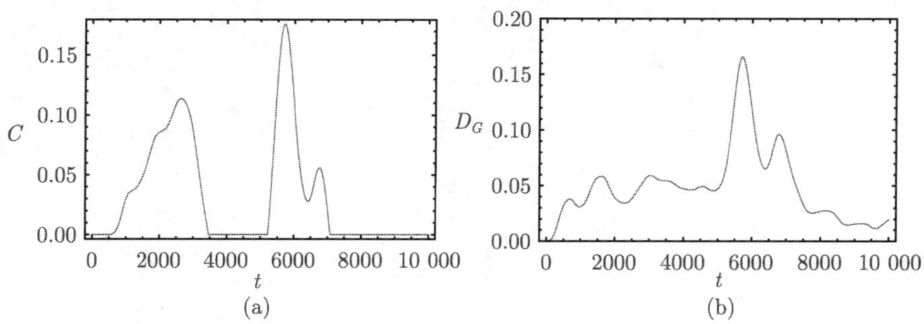

图 6.3 可积情形 ($K = L = 0.01$) 下量子纠缠 (图 (a)) 和几何量子失协 (图 (b)) 随着周期数的演化

通常，量子门操作的不精确性或者量子比特能级的涨落等都会给系统哈密顿量带来一些波动，这样的干扰就是随机噪声干扰。当系统存在随机噪声的时候，随机噪声将会不可避免地对量子纠缠和几何量子失协产生影响，现在考察存在随机噪声的情形下量子纠缠和几何量子失协动力学演化特性，相关结果如图 6.4 所示。图中对应哈密顿量的参数 K 和 L 仍然取为相等值 $K = L = 0.01$，随机噪声的强度从上往下依次减弱，分别是 1×10^{-3}，1×10^{-4} 和 1×10^{-5}。从图中可以看出，随着随机噪声强度的增加，量子纠缠和几何量子失协的幅度迅速减小，尤其是量子纠缠在随机噪声强度为 1×10^{-3} 时，其值减小得尤为明显。此外，随着噪声强度的增加，量子纠缠和几何量子失协峰值出现的时间越来越早，且量子纠缠和几何量子失协的动力学演化行为变得愈发复杂。当然，像没有随机噪声时一样，二者的动力学演化行为也存在着明显的差异，最明显的区别在于以几何量子失协度量的量子关联始终存在，而量子纠缠则会发生突然死亡和突然复生现象。

在量子计算机中任意一酉操作都可以分解为单量子比特和双量子比特操作，而双量子比特操作则建立在量子比特之间存在耦合的基础上。量子比特之间的耦合同样会引起量子混沌，使得系统本征态产生遍历性，这种产生于量子计算机硬件内部的相互耦合作用称为静态干扰。下面我们考察静态干扰对量子纠缠和几何量子失协的影响，在不同的静态干扰强度下，二者随周期数的演化如图 6.5 所示，在这里，哈密顿量中的参数 $K = L = 0.01$，静态干扰强度从上到下依次为 1×10^{-3}，1×10^{-4} 和 1×10^{-5}。和随机噪声干扰的情形类似，随着静态干扰强度的增大，纠缠存在的时间越来越短，随后出现纠缠死亡现象；几何量子失协的演化变得愈发混乱。但是，和随机噪声情形不同的是，静态干扰对系统纠缠和几何量子失协的影响很明显更大，这从纠缠所存在的时间和几何量子失协的混乱程度可以清楚地看出来。从这点可以说明，静态干扰更易引起系统的混沌，因此在量子计算机中更应该首先抑制静态干扰。

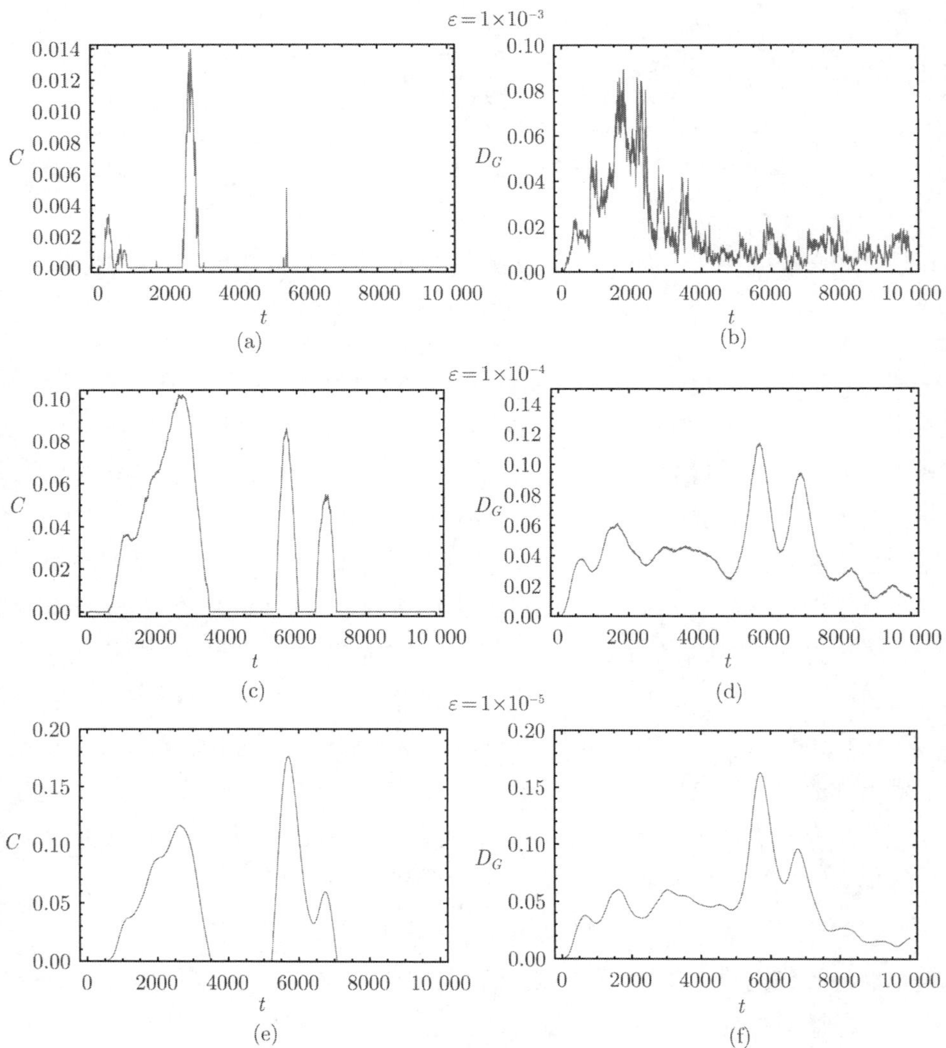

图 6.4　不同的随机噪声干扰强度下，量子纠缠 (a)、(c)、(e) 和几何量子失协 (b)、(d)、(f) 随着周期数的演化。图中 (a)~(b)、(c)~(d) 和 (e)~(f) 对应的随机噪声强度分别为 1×10^{-3}，1×10^{-4} 和 1×10^{-5}

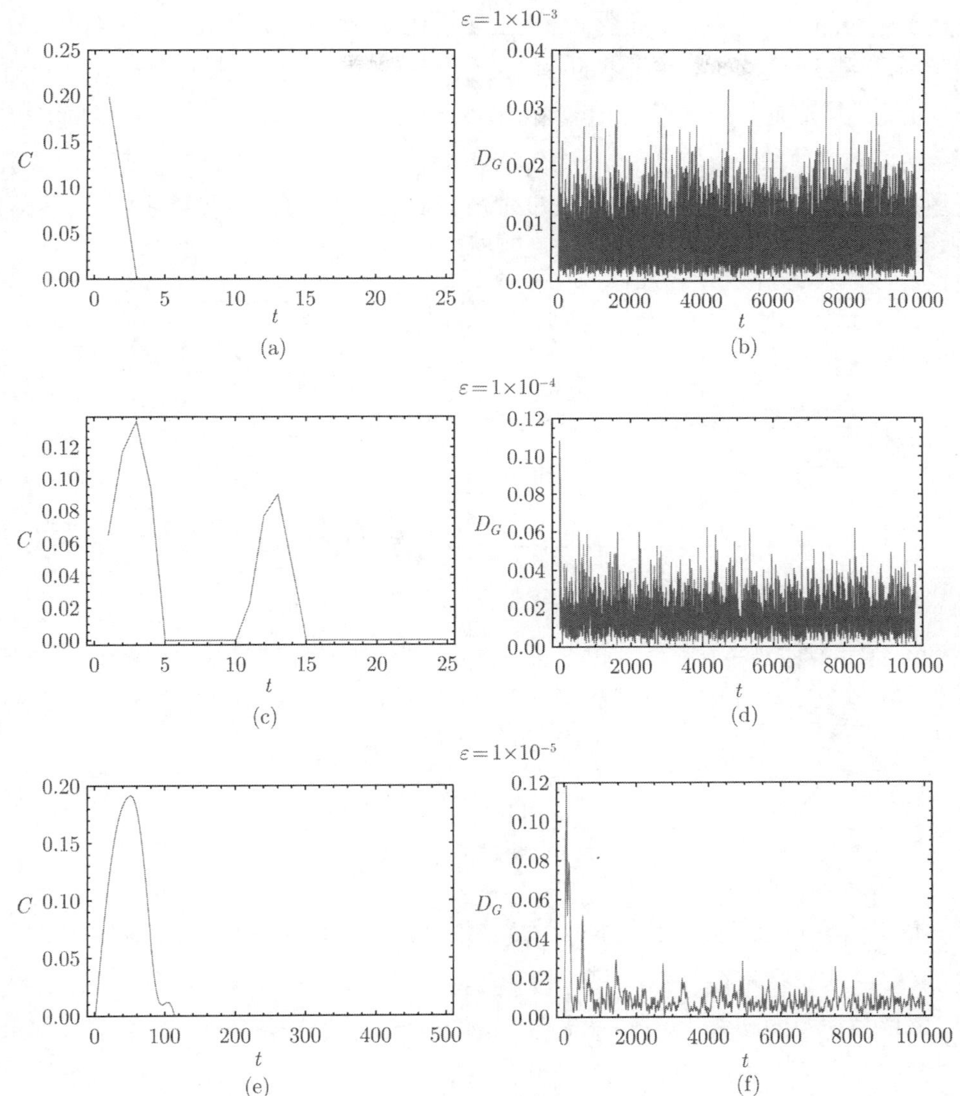

图 6.5 不同的静态干扰强度下，量子纠缠 (a)、(c)、(e) 和几何量子失协 (b)、(d)、(f) 随着驱动周期数的演化。图中 (a)∼(b)、(c)∼(d) 和 (e)∼(f) 对应的静态噪声强度分别为 1×10^{-3}、1×10^{-4} 和 1×10^{-5}

以上考察了可积情形下，存在随机噪声干扰和静态干扰情形下量子纠缠和几何量子失协的动力学演化性质。下面来探讨混沌情形下量子纠缠和几何量子失协的演化性质。和可积情形下一样，初态仍然选择为高斯相干态。由于讨论的是混沌情形下的性质，所以这里取 $K=L=3$。图 6.6 给出了混沌情形下量子纠缠和几何量子失协的动力学演化。和图 6.3(对应可积运动) 对比可以看出，此时纠缠存在的时间区域要小得多，只在很小的时间段存在着纠缠；至于几何量子失协，可以看出，在混沌情形下其演化相比于可积情形下要复杂混乱得多，且其值也被抑制，大部分时间内几何量子失协的值都较小。因此，对于基于量子纠缠或量子失协的量子处理任务而言，需要在可积情形下而非混沌情形下完成，或者说需要采取措施来避免和抑制量子混沌的产生。

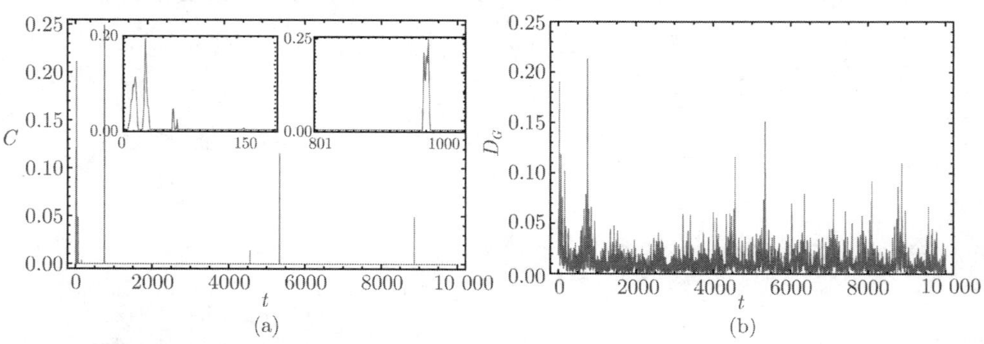

图 6.6 混沌情形 ($K = L = 3$) 时量子纠缠 (图 (a)) 和几何量子失协 (图 (b)) 随着周期数的演化。图 (a) 中左边的子图对应着是纠缠在周期数 $0 \sim 200$ 的演化，右边的子图对应着纠缠在周期数 $801 \sim 1000$ 的演化

6.5 本章小结

量子纠缠和非纠缠的量子关联在量子信息科学中扮演着量子资源的角色。在本章中，通过分析量子纠缠、量子失协和几何量子失协在周期驱动的量子陀螺模型和 QKH 模型中的动力学演化，发现非纠缠的量子关联 (这里是量子失协和几何量子失协) 相比于纠缠而言更为健壮，且它不像纠缠，不会发生突然死亡和突然复生现象。对于量子陀螺模型，研究发现量子失协可以用来标记量子混沌。在 QKH 模型中，研究发现静态干扰对量子关联的影响相比于随机噪声干扰来说更为明显，随着静态干扰强度的增大，会使得量子关联的演化更趋向于混沌情形下的行为；相比于可积情形，混沌情形下，量子纠缠和几何量子失协被抑制，这就要求我们在设计依赖于纠缠和几何量子失协的量子信息处理任务时，应尽量避免系统处在混沌运动情形。

参考文献

[1] 张永德. 量子信息物理原理. 北京: 科学出版社, 2006.

[2] Werner R. Quantum states with Einstein-Podolscky-Posen correlations admitting a hidden-variable model. Phys Rev A, 1989, 40:4277–4281.

[3] Masanes L, Liang Y C, Doherty A C. All bipartite entangled states display some hidden nonlocality. Phys Rev Lett, 2008, 100:090403.

[4] Peres A. Separability criterion for density matrices bipartite entangled states display some hidden nonlocality. Phys Rev Lett, 1996, 77:1413–1415.

[5] Horodecki M, Horodecki P, Horodecki R. Separability of mixed states: necessary and sufficient conditions. Phys Lett A, 1996, 223:1–8.

[6] Nielsen M A, Kempe J. Separable states are more disordered globally than locally. Phys Rev Lett, 2001, 86:5184–5187.

[7] 龙桂鲁, 裴寿镛, 曾谨言. 量子力学新进展第四辑. 北京: 清华大学出版社, 2007.

[8] Rudolph O. Further results on the cross norm criterion for separability. Quantum Information Processing, 2005, 4:219–239.

[9] Chen K, Wu L A. A matrix realignment method for recognizing entanglement. Quantum Inf Comput, 2003, 3:193–202.

[10] Chen K, Wu L A. The generalized partial transposition criterion for separability of multipartite quantum states. Phys Lett A, 2002, 306:14–20.

[11] Albeverio S, Chen K, Fei S M. Generalized reduction criterion for separability of quantum states. Phys Rev A, 2003, 68:062313.

[12] Plenio M B, Virmani S. An introduction to entanglement measures. Quantum Inf Comput, 2007, 7:1–51.

[13] Vedral V, Plenio M B, Rippin M A, et al. Quantifying entanglement. Phys Rev Lett, 1997, 78:2275–2279.

[14] Vidal G. Entanglement monotones. J Mod Opt, 2000, 47:355–376.

[15] Rains E M. A semidefinite program for distillable entanglement. IEEE Trans Inf Theory, 2001, 47:2921–2933.

[16] Horodecki R, Horodecki P, Horodecki M, et al. Quantum entanglement. Rev Mod Phys, 2009, 81:865–942.

[17] Uhlmann A. Entropy and optimal decompositions of states relative to a maximal commutative subalgebra. Open Syst Inf Dyn, 1998, 5:209–228.

[18] Wootters W K. Entanglement of formation of an arbitrary state of two qubits. Phys Rev Lett, 1998, 80:2245–2248.

[19] Coffman V, Kundu J, Wootters W K. Distributed entanglement. Phys Rev A, 2000, 61:052306.

[20] Knill E, Laflamme R. Power of one bit of quantum information. Phys Rev Lett, 1998, 81:5672–5675.

[21] Datta A, Shaji A, Caves C M. Quantum discord and the power of one qubit. Phys Rev Lett, 2008, 100:050502.

[22] Modi K, Paterek T, Son W, et al. Unified view of quantum and classical correlations. Phys Rev Lett, 2010, 104:080501.

[23] Piani M, Horodecki P, Horodecki R. No-local-broadcasting theorem for multipartite quantum correlations. Phys Rev Lett, 2008, 100:090502.

[24] Henderson L, Vedral V. Classical, quantum and total correlations. J Phys A, 2001, 34:6899.

[25] Ollivier H, Zurek W H. Quantum discord: a measure of the quantumness of correlations. Phys Rev Lett, 2001, 88:017901.

[26] Cover T M, Thomas J A. Elements of Information Theory. New York: John Wiley and Sons, 1991.

[27] Modi K, Brodutch A, Cable H, et al. The classical-quantum boundary for correlations: discord and related measures. Rev Mod Phys, 2012, 84:1655–1707.

[28] 周涛, 龙桂鲁, 傅双双, 等. 量子关联简介. 物理, 2013, 42:544–551.

[29] Luo S. Geometric entanglement witnesses and bound entanglement. Phys Rev A, 2008, 77:042303.

[30] Dakić B, Vedral V, Brukner V. Necessary and sufficient condition for nonzero quantum discord. Phys Rev Lett, 2010, 105:190502.

[31] Luo S, Fu S. Geometric measure of quantum discord. Phys Rev A, 2010, 82:034302.

[32] Luo S, Fu S. Measurement-induced nonlocality. Phys Rev Lett, 2011, 106:120401.

[33] Madhok V, Gupta V, Hamel A M, et al. Signatures of chaos in the dynamics of quantum discord. arXiv, 2013. 1307.1405.

[34] Werlang T, Souza S, Fanchini F F, et al. Robustness of quantum discord to sudden death. Phys Rev A, 2009, 80:024103.

[35] Maziero J, Werlang T, Fanchini F F, et al. System-reservoir dynamics of quantum and classical correlations. Phys Rev A, 2010, 81:022116.

[36] Ge R C, Gong M, Li C F, et al. Quantum correlation and classical correlation dynamics in the spin-boson model. Phys Rev A, 2010, 81:064103.

第 7 章　量子干扰的调控

量子计算和量子信息的研究蓬勃发展，一些迈向产业化的量子通信实验和实用化的量子逻辑器件的雏形也已开始呈现在人们面前。然而真正规模的量子信息处理装置的出现还需要有一段相当长的时间。其困难主要来自于量子干扰引起的退相干、量子信息的存储以及对量子态的精确调控和操纵等。在实际研究中，无论量子信息的物理载体是核磁共振装置、量子点还是离子阱等，量子信息的存储以及进行各种量子运算都离不开量子态的调控。它一方面可以实现量子门操作，另一方面又可以抑制量子态的退相干，因此量子控制是实现量子计算的关键。本章主要针对量子面包师映射仿真算法中的静态干扰使用量子调控方法抑制其对量子计算系统的影响。

7.1　量子控制研究简述

量子控制主要研究微观领域量子系统的操纵和控制问题，也可看做经典控制理论从宏观系统向微观系统的扩展和延伸。其目的是要有效地对量子系统状态进行主动控制，以按人们的期望暂时地或永久地改变物质的状态[1]。对量子力学系统控制问题的研究已经逐渐成为许多国家基础研究的重点之一，自 20 世纪 70 年代开始，已经有许多来自化学、物理和系统科学等领域的研究者从不同角度对量子系统的控制问题进行分析和研究。在我国国务院公布的 2006~2020 年《国家中长期科学和技术发展规划纲要》中，也明确将“量子调控研究”列为重大科学研究计划。在实验方面，利用激光和电磁场等为主要手段的量子控制方法为物理学、化学、生物学等领域的研究提供了有力的工具；在理论研究方面，量子系统的建模、能控性、量子控制策略和控制算法等都取得了许多重要成果。

最早的系统地从理论上提出量子系统控制问题的是华盛顿大学的谈自忠和 Clark 等，他们从最基本的系统控制概念出发，在理论上详细地对线性量子系统的可控性进行了讨论，具体分析并给出了有限维空间下量子系统可控的条件，同时也利用李代数 (Lie algebra) 对无限维空间下量子系统的可控性进行了一些数学上的分析，并对量子系统控制问题进行了展望，提出了几个关键性的问题[2, 3]。随后的十几年中，量子控制在化学研究中得到重视。首先是以激光为工具，利用开环控制策略，充分利用量子相干特性对化学反应等进行控制，因此也被称为相干控制。1993 年 Warren 等对量子力学系统的相干控制理论进行了总结，并结合当时的设备条件，提出了利用激光对量子系统进行开环控制的一些具体方法[4]。Rabitz 小组又将最优控制的思想引入量子控制中[5]，并于 1992 年提出闭环控制策略，为深入研究量子控制问题奠定了基础[1]。

1993 年 Wiseman 等提出马尔可夫量子反馈控制理论，并将其应用于量子光学系统，自此控制理论与量子物理学开始广泛结合[6]。马尔可夫量子反馈采用直接反馈方式，所用反馈信息只是当前测量的结果，并立即用于反馈来改变系统的哈密顿量，对系统先前的知识没有充分利用。Doherty 等在 1999 年提出了用连续状态估计的量子反馈思想，首先是充分利用待定测量记录所提供的详细信息，对量子控制系统的动力学变量进行最佳估计，然后用这些实时状态来调节系统的哈密顿量，进而获得对被控系统动力学期望的控制[7, 8]。由于上述控制策略都需要进行量子测量，反馈信息的量子特性没有得到保持，为解决这一问题，Lloyd 于 2000 年提出了相干量子反馈控制策略，它不涉及破坏性的量子测量，利用量子逻辑处理，能保持量子相干性[9]。2000 年以后，量子控制的发展进入新阶段，主要表现在经典控制论与化学、物理学中的量子控制方法相互交叉、渗透和融合。随着量子信息和量子计算的快速发展，对量子调控技术的需求更加强烈，新的控制策略和控制算法也在不断地探索之中。目前对量子控制系统的研究主要集中在：量子力学系统的能控性，非破坏性滤波与观测，量子系统控制设计，有限维实现与优化控制以及量子控制应用问题等[10]。文献 [11] 将量子系统的可控性分为完全可控、波函数可控、密度矩阵可控以及可观测量可控等，对不同的可控性，给出了各自可控性成立的充要条件。张靖等研究了开放环境下多比特量子计算系统的相干控制建模问题[12]。根据经典控制理论中的 Lyapunov 稳定性理论以及传递函数方法，文献 [13]、[14] 等分别提出了一些相应的量子控制策略。

对各种控制系统的稳定性研究一直是控制领域研究的热点。同样在量子控制领域中，如何提高控制系统的稳定性和鲁棒性也是量子控制的重要研究方向之一。事实上，本章介绍的量子 Bang-Bang 控制和随机化的量子动力学解耦法等[15, 16]，就是为了抑制量子控制中的噪声和退相干而提出的，因此这些方法本质上属于量子控制鲁棒性研究的范畴。Doherty 等研究了经典鲁棒控制理论在量子控制方面的应用，并预测利用量子的鲁棒控制技术能实现对量子存储器的模拟，这种量子存储器可以使用量子纠错编码进行容错量子计算，因此鲁棒控制将在量子计算中扮演重要的角色[3, 17]。Pravia 等通过在脉冲设计过程中综合考虑噪声信息得到高保真度的控制方法[18]。对量子光学反馈网络的研究表明，当反馈网络环的增益小于 1 时，量子反馈网络是稳定的，这可看做经典控制理论中的小增益定理 (small gain theorem) 在量子领域的推广[19]。Ticozzi 等给出了一个有限维量子开环控制策略鲁棒性的精确定义，并用该鲁棒性定义定量比较了 NMR 中的几个重要问题[20]。Andreas 给出了单量子比特的量子反馈控制的全局稳定性判据[21]。

在真实的物理系统中实现量子算法，不仅需要产生和操纵任意量子相干叠加态，而且需要在量子计算的过程中保持这种相干态。然而量子相干态对干扰非常敏感，量子比特之间或者量子比特与环境之间的各种耦合作用将使相干态产生退相干现象，成为制约量子信息处理技术发展的巨大障碍。为了抑制退相干，已经提出了多种方法进行容错量子计算。这些方法大致可以分为三类：量子纠错码[22, 23] (quantum error-correction codes)，量子避错码[24, 25] (quantum error-avoiding codes) 和量子动力学解耦法[26-29](quantum dynamical decoupling methods)。量子纠错码可以看做经典纠错方法在量子领域的推广，但是由于量子体系和经典体系的不同，发展合适的量子纠错码，必须解决以下的困难[30]：

(1) 在经典编码中，人们通过引入冗余比特复制信息；但是在量子体系下由于量子态的不可克隆原理，复制量子状态是不允许的。

(2) 经典计算机中可能发生的错误只有状态“0”和“1”之间的变换。但是在量子计算中除了这类简单的错误外，还会发生量子比特特有的相位差错。

(3) 在量子纠错理论中，通常假定量子状态的编码和解码总是可以没有差错的完美地实现。但是用于编码和解码的量子门自身就很容易受到噪声污染。

(4) 经典纠错编码需要对比特状态进行不断的测量，以确定是否发生错误。但由于量子体系测量会造成量子态的坍缩以致量子态失去相干性，从而使量子计算中断，所以对量子态的量子测量必须谨慎进行。

量子纠错的基本思想是：在量子态的 Hilbert 空间里，选取一个小的子空间作为编码子空间，然后通过酉变换进行信息编码。对于噪声引起的错误，它将编码态改变到与编码子空间正交的出错子空间中去，一旦出现错误，人们就可以借助于测量诊断出错误信息，并施加相应的逆操作纠正错误。因此量子纠错码需要对系统做量子测量及状态还原等复杂操作。

量子避错码 (或者无退相干子空间方法) 则是利用系统与环境耦合的特殊性，在系统 Hilbert 空间中寻找一个不受退相干影响的子空间，信息以纠缠态的形式编码到这个子空间中，从而实现量子计算与量子信息存储。尽管这两种方法在理论上能够很好地进行容错量子计算，但是在目前的技术条件下，使用较多的冗余量子比特进行容错计算是非常困难的。

量子动力学解耦法无需量子测量和辅助量子比特，因而具有更高的适用性。量子开放系统的动力学解耦方法来源于 NMR 波谱学中平均相干效应的思想。在核磁共振技术波谱学中通过适当的脉冲序列选择性地消除掉核自旋哈密顿量中不期望的作用项[30]。Viola 等在 1998 年提出二能级系统相位退相干的量子动力学解耦，即在环境的"记忆"时间尺度内通过周期性的控制场改变系统与环境的动力学性质，从而消除系统和环境之间的相互作用[26]。Zanardi 在总结量子动力学控制基础上发现了动力学解耦的一般代数结构，并且量子动力学解耦可以看做动力学对称化的过程，在解耦过程中，对称性条件下不变的作用量被保留，而变化的部分则被过滤掉[31]。Ticozzi 和 Ferrante 运用线性代数的方法从控制理论的角度分析了量子动力学解耦[32]。文献 [33] 实验研究了动力学解耦方法在固态体系中抑制退相干的效果。

量子动力学解耦首先被用于抑制耗散干扰[15, 26, 30]，随后 Viola 和 Lidar 等通过设计连续的解耦算子[34] 或者利用递归串联的解耦脉冲[35] 等方法，在抑制耗散干扰的同时增强了量子计算对系统误差的容错能力。本章以量子混沌研究中另一个较简单的常见模型 —— 量子面包师映射的量子仿真算法为例，在分析动力学解耦法抑制退相干原理的基础上，研究随机动力学解耦法抑制量子计算中静态干扰的能力。结果表明，随机动力学解耦法使量子面包师映射仿真算法的保真度由静态干扰时的高斯下降转变为较慢的指数下降。

7.2 量子动力学解耦法

对于一个包含目标系统和热库的总系统，其 Hilbert 空间可以表示为系统 Hilbert 空间 H_s 和热库 Hilbert 空间 H_B 的直积，$H_{\text{tot}} = H_s \otimes H_B$。因此总的哈密顿量为

$$H_{\text{tot}} = H_0 + H_{sB} = H_s \otimes I_B + I_s \otimes H_B + H_{sB} \tag{7.1}$$

其中 H_{sB} 为目标系统和热库的相互作用哈密顿量，I_B, I_s 分别为 H_B 和 H_s 空间中的单位矩阵。在量子动力学解耦法中，量子 Bang-Bang 控制是一种典型的控制方法。Bang-Bang 控制通过对目标系统施加一个与时间有关的哈密顿量 $H_c(t)$ 获得抑制退相干的目的[36]，即

$$H(t) = H_{\text{tot}} + H_c(t) \otimes I_B \tag{7.2}$$

其中 $H_c(t)$ 被设计为使受控演化算符

$$U_c(t) = \tilde{T}\exp\left(-\mathrm{i}\int_0^t H_c(s)\mathrm{d}s\right) \quad (\tilde{T}\text{表示算符作用的时间先后顺序}) \tag{7.3}$$

满足条件

$$U_c(t+\tau) = U_c(t) \tag{7.4}$$

和

$$\int_0^\tau [U_c^\dagger(t)\otimes I_B]H_{sB}[U_c(t)\otimes I_B]\mathrm{d}t = 0 \tag{7.5}$$

在相互作用绘景下，初始状态 $\rho(0)$ 经过 $t = N\tau$ 时间后密度矩阵为

$$\rho(t) = U_{\mathrm{tot}}(N\tau)\rho(0)U_{\mathrm{tot}}^\dagger(N\tau) \tag{7.6}$$

根据式 (7.4) 中 $U_c(t)$ 的周期性，上式中

$$\begin{aligned} U_{\mathrm{tot}}(N\tau) &= \tilde{T}\exp\left(-\mathrm{i}\int_0^{N\tau}\bar{H}_{\mathrm{tot}}(s)\mathrm{d}s\right) \\ &= \left[\tilde{T}\exp\left(-\mathrm{i}\int_0^{\tau}\bar{H}_{\mathrm{tot}}(s)\mathrm{d}s\right)\right]^N \end{aligned} \tag{7.7}$$

并且

$$\bar{H}_{\mathrm{tot}}(t) = [U_c^\dagger(t)\otimes I_B]\,H_{\mathrm{tot}}\,[U_c(t)\otimes I_B] \tag{7.8}$$

使用 Baker-Campbell-Hausdorff (BCH) 方程

$$\mathrm{e}^A\mathrm{e}^B = \exp\left(A + B + \frac{1}{2}[A,B] + \frac{1}{12}[A,[A,B]] + \frac{1}{12}[B,[B,A]] + \cdots\right) \tag{7.9}$$

对式 (7.7) 中时间顺序的指数函数进行展开，

$$\tilde{T}\exp\left(-\mathrm{i}\int_0^\tau \bar{H}_{\mathrm{tot}}(s)\mathrm{d}s\right) = \exp\left\{-\mathrm{i}[\hat{H}^{(0)} + \hat{H}^{(1)} + \cdots]\tau\right\} \tag{7.10}$$

式中

$$\hat{H}^{(0)} = \frac{1}{\tau}\int_0^\tau \bar{H}_{\mathrm{tot}}(s)\mathrm{d}s \tag{7.11}$$

而 $\hat{H}^{(j)}, j = 1, 2, \cdots$ 可表示为 τ 的 j 次方函数。由约束条件 (7.5)，得到

$$\hat{H}^{(0)} = H_s'\otimes I_B + I_s\otimes H_B = H_{\mathrm{tot}}' \tag{7.12}$$

其中 H_s' 是一个与 τ 无关的哈密顿量，

$$H_s' = (1/\tau)\int_0^{\tau} U_c^{\dagger}(t)H_sU_c(t)\mathrm{d}t = \int_0^{1} U_c^{\dagger}(x\tau)H_sU_c(x\tau)\mathrm{d}x \tag{7.13}$$

因此在 $\tau \to 0$，并且保持 $T_c = N_c\tau$ 为常量下，根据式 (7.7)、式 (7.10) 和式 (7.12)

$$U_{\text{tot}}(T_c) = [1 - \mathrm{i}H_{\text{tot}}'\tau + O(\tau^2)]^{T_c/\tau} \to \mathrm{e}^{-\mathrm{i}H_{\text{tot}}'T_c} = \mathrm{e}^{-\mathrm{i}H_s'T_c} \otimes \mathrm{e}^{-\mathrm{i}H_BT_c} \tag{7.14}$$

所以通过快速地控制脉冲，量子 Bang-Bang 控制经过 T_c 时间能够抑制热库的耦合作用。

在另外一种与上述基本相似的量子 Bang-Bang 控制中，在一个时间间隔 τ 内使用两个瞬时控制脉冲 (图 7.1(a))[28]。在周期 $T_c = N_c\tau$ 时，共有 N_c 个形式为 $\hat{d}_j\hat{d}_{j-1}^{\dagger}$，$j \in \{0, \cdots, N_c\}$ 的酉运算以间隔 τ 作用在量子系统上。经过一个控制周期的系统演化算符为

$$\begin{aligned}\hat{U}(T_c) &= \hat{d}_{N_c-1}^{\dagger}\mathrm{e}^{-\mathrm{i}H_s\tau/\hbar}\hat{d}_{N_c-1}\cdots\hat{d}_1\hat{d}_0^{\dagger}\mathrm{e}^{-\mathrm{i}H_s\tau/\hbar}\hat{d}_0\\ &= \widetilde{T}\prod_{j=0}^{N_c-1}\mathrm{e}^{-\mathrm{i}\hat{H}_j\tau/\hbar}\end{aligned} \tag{7.15}$$

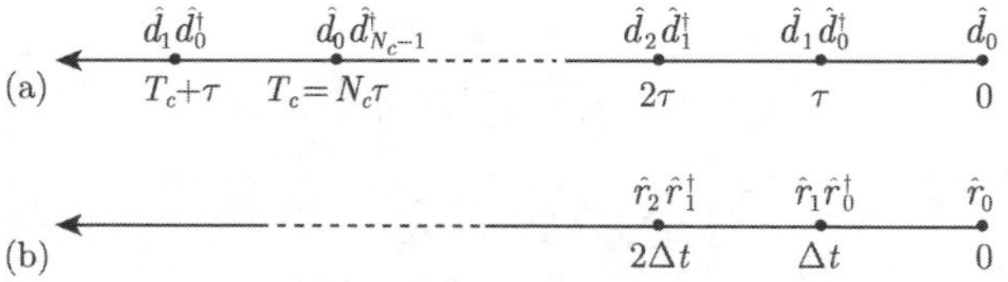

图 7.1 确定性动力学解耦法 (a) 和随机动力学解耦法 (b) 的示意图。τ 和 Δt 的基本单位为基本量子门的个数

其中相互作用绘景下哈密顿量 $\hat{H}_j = \hat{d}_j^{\dagger}H_s\hat{d}_j$。使用 BCH 方程，对式 (7.15) 中时间顺序的指数函数进行展开，得

$$\begin{aligned}\hat{U}(T_c) &= \widetilde{T}\prod_{j=0}^{N_c-1}\mathrm{e}^{-\mathrm{i}\hat{H}_j\tau/\hbar}\\ &= \mathrm{e}^{-\mathrm{i}\sum\limits_{j=0}^{N_c-1}\hat{H}_j\tau/\hbar + O(\tau^2)}\\ &= I - \mathrm{i}\sum_{j=0}^{N_c-1}\hat{H}_j\tau/\hbar + O(\tau^2)\end{aligned} \tag{7.16}$$

因此当 $T_c = N_c\tau$ 保持不变，而 $\tau \to 0$ 时，$\hat{U}(T_c) \to I - \mathrm{i}\sum\limits_{j=0}^{N_c-1}\hat{H}_j\tau/\hbar$。为了抑制 H_s 造成的干扰，需通过选取适当的 $\hat{d}_j$，使如下条件成立：

$$\hat{H} = \sum_{j=0}^{N_c-1}\hat{H}_j\tau = 0 \tag{7.17}$$

7.3 随机动力学解耦法在量子计算中的应用

在量子 Bang-Bang 控制中，作为控制脉冲的酉算符 $\hat{d}_{j+1}\hat{d}_j^\dagger$ 作用在量子算法中任意两个基本量子门之间。算符 $\hat{d}_j \in \{I, \hat{\sigma}_x, \hat{\sigma}_y, \hat{\sigma}_z\}^{\otimes n_q}$，具体作用在某个量子比特上的 Pauli 自旋算符 $\hat{\sigma}_i, i \in \{x, y, z\}$, 由正交阵列的对应列给出。例如，当存在 8 个量子比特时，可以选取强度 2 的正交阵列 OA(32,8,4,2)，此时，$N_c = 32$，正交阵列 OA(32,8,4,2) 的 8 列分别表示作用在 8 个量子比特上的酉算符序列，阵列中的元素 $0, 1, 2, 3$ 分别对应算符 $I, \hat{\sigma}_x, \hat{\sigma}_y, \hat{\sigma}_z$。文献 [37] 中已经证明，这种基于正交阵列构造的控制脉冲能够有效地抑制量子寄存器中的干扰作用，并且保证其满足式 (7.17)。

量子 Bang-Bang 控制的动力学解耦法的缺点是收敛性较差，而且某些情况下需要相当长的控制周期，因此限制了其应用范围。Viola 等随后提出了随机化的解耦方法，随机动力学解耦法在快速收敛性和鲁棒性等方面比量子 Bang-Bang 控制方法更具优势[16, 38]。它使用一系列随机选取的酉算符 $\hat{r}_j$ 取代确定性方法中的 $\hat{d}_j$(图 7.1(b))，例如在 Pauli-Random-Error-Correction (PAREC) 方法中选取 $\hat{r}_j \in \{I, \hat{\sigma}_x, \hat{\sigma}_y, \hat{\sigma}_z\}^{\otimes n_q}$，其中 $\hat{\sigma}_x, \hat{\sigma}_y, \hat{\sigma}_z$ 为 Pauli 自旋算符[29]。为了抑制 H_s 产生的干扰，$\hat{r}_j$ 必须满足统计的独立性。

在 PAREC 的随机动力学解耦方法中，首先将量子算法中的基本量子门分解为一系列哈密顿形式的通用量子门[29]。即对单量子比特上的任意酉算子 U，存在实数 $\alpha, \beta, \gamma, \delta$，使得

$$U = \mathrm{e}^{\mathrm{i}\alpha} R_z(\beta)\, R_y(\gamma)\, R_z(\delta) \tag{7.18}$$

其中 $\mathrm{e}^{\mathrm{i}\alpha}$ 为一个全局相位因子，$R_x(\theta)$, $R_y(\theta)$, $R_z(\theta)$ 分别为关于 x, y, z 轴的旋转算子：

$$R_x(\theta) = \mathrm{e}^{-\mathrm{i}\theta\hat{\sigma}_x/2} = \begin{bmatrix} \cos\dfrac{\theta}{2} & -\mathrm{i}\sin\dfrac{\theta}{2} \\ -\mathrm{i}\sin\dfrac{\theta}{2} & \cos\dfrac{\theta}{2} \end{bmatrix} \tag{7.19}$$

$$R_y(\theta) = \mathrm{e}^{-\mathrm{i}\theta\hat{\sigma}_y/2} = \begin{bmatrix} \cos\dfrac{\theta}{2} & -\sin\dfrac{\theta}{2} \\ \sin\dfrac{\theta}{2} & \cos\dfrac{\theta}{2} \end{bmatrix} \tag{7.20}$$

$$R_z(\theta) = \mathrm{e}^{-\mathrm{i}\theta\hat{\sigma}_z/2} = \begin{bmatrix} \mathrm{e}^{-\mathrm{i}\theta/2} & 0 \\ 0 & \mathrm{e}^{\mathrm{i}\theta/2} \end{bmatrix} \tag{7.21}$$

例如常用的 Hadamard 门可以用哈密顿形式的通用量子门表示为

$$H = \frac{1}{\sqrt{2}}\begin{pmatrix} 1 & 1 \\ 1 & -1 \end{pmatrix} = \mathrm{e}^{\mathrm{i}\frac{\pi}{2}}\, R_z(0)\, R_y\left(\frac{\pi}{2}\right)\, R_z(\pi) \tag{7.22}$$

而对于双量子比特算子，例如受控量子“非”门等，则需要额外使用哈密顿形式的量子门 $R_{xx}(\theta)$ 和 $R_{zz}(\theta)$

$$R_{xx}(\theta) = \mathrm{e}^{-\mathrm{i}\theta\hat{\sigma}_x^{(j)}\hat{\sigma}_x^{(k)}/2} = \begin{bmatrix} \cos\theta & 0 & 0 & -\mathrm{i}\sin\theta \\ 0 & \cos\theta & -\mathrm{i}\sin\theta & 0 \\ 0 & -\mathrm{i}\sin\theta & \cos\theta & 0 \\ -\mathrm{i}\sin\theta & 0 & 0 & \cos\theta \end{bmatrix} \tag{7.23}$$

$$R_{zz}(\theta) = \mathrm{e}^{-\mathrm{i}\theta\hat{\sigma}_z^{(j)}\hat{\sigma}_z^{(k)}/2} = \begin{bmatrix} \mathrm{e}^{-\mathrm{i}\theta} & 0 & 0 & 0 \\ 0 & \mathrm{e}^{\mathrm{i}\theta} & 0 & 0 \\ 0 & 0 & \mathrm{e}^{\mathrm{i}\theta} & 0 \\ 0 & 0 & 0 & \mathrm{e}^{-\mathrm{i}\theta} \end{bmatrix} \tag{7.24}$$

由于上述哈密顿形式算符 R_x, R_y, R_z 在 Pauli 算符 $\hat{r}_j$ 作用下，或者保持不变，或者改变其符号，例如

$$\hat{r}_j\, R_x(\theta)\, \hat{r}_j = \begin{cases} R_x(\theta), & \text{如果} \quad \hat{r}_j \in \{I,\, \hat{\sigma}_x\} \\ R_x(-\theta), & \text{如果} \quad \hat{r}_j \in \{\hat{\sigma}_y,\, \hat{\sigma}_z\} \end{cases} \tag{7.25}$$

因此通过随机地选择 Pauli 算符作用在哈密顿形式的量子线路，能够随机地改变量子计算基态，而计算基的改变通过改变旋转算子的角度加以补偿。

随机动力学解耦控制的示意图见图 7.2。对图 7.2(a) 中第 1 个量子比特上哈密顿形式的算符 $R_x(\theta_1)$，在其两端插入 Pauli 算符 $\hat{\sigma}_z$，根据式 (7.25)，图 7.2(b) 虚框中的算符等价于图 7.2(c) 中 $R_x(-\theta_1)$。随机动态解耦法通过随机地选取 $\hat{r}_j$ 算符作用在所有 n 个量子比特上，具体某一量子比特上作用哪一个 Pauli 算符被保存在一个经典寄存器中。这样随机选择的 Pauli 算符每隔 Δt 个哈密顿形式的算符就作用一次 (图 7.2 中选择 $\Delta t > 1$，因此哈密顿形式算符 $R_z(\theta_2)$ 和 $R_y(\theta_3)$ 两端没有作

用 Pauli 算符)。通过随机插入的 Pauli 算符以及相应的补偿算符，可以持续地随机改变量子算法的计算基态。由于 $\hat{\sigma}_x^2=\hat{\sigma}_y^2=\hat{\sigma}_z^2=I$，所以随机动态解耦方法不会改变量子算法。它通过插入随机酉运算 $\hat{r}_j$，在不改变量子算法的基础上随机改变静态干扰模型 (4.1) 中参数 δ_i 和 J_{il} 的"+""−"号，因此其作用结果相当于将静态干扰转化为随机噪声干扰。而根据上文的分析，随机噪声干扰对量子计算有较小的破坏作用，所以随机动力学解耦法能够有效抑制量子计算中的静态干扰。

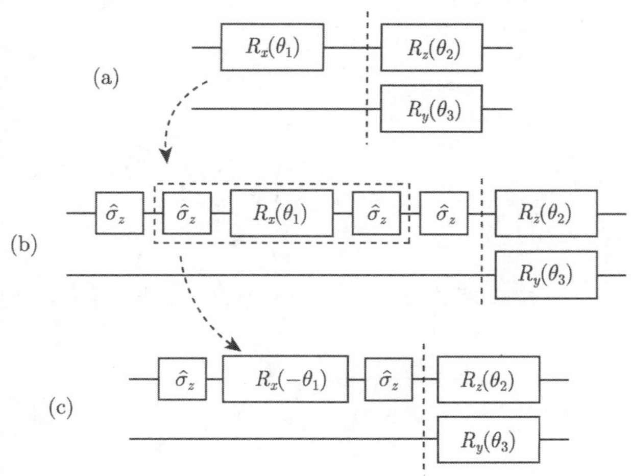

图 7.2 随机动态控制在双量子比特量子线路上的应用示意图。对图 (a) 中算符 $R_x(\theta_1)$，图 (b) 显示了在其两端插入 Pauli 算符 $\hat{\sigma}_z$，结果等价于图 (c) 中的 $R_x(-\theta_1)$

图 7.3 示出量子面包师映射仿真算法在静态干扰下，分别应用确定性动态解耦方法和随机动态解耦后，保真度随算法迭代次数 t 的衰减曲线。在量子 Bang-Bang 控制中，使用的正交阵列为由 Bosebush 算法产生的 OA(32,8,4,2)。图中曲线 (a) 为无解耦控制时的保真度衰减曲线，曲线 (b) 为应用确定性动态解耦法，(c) 和 (d) 对应随机动态解耦法且 Δt 分别为 3 和 300。量子比特数目为 $n_q=8$，静态干扰强度 $\varepsilon=5\times10^{-6}$，系统初态为一具有随机相位的平衡叠加态。图中随机动态解耦曲线为经过 20 次仿真后的平均值。在量子 Bang-Bang 控制中，使用的正交阵列为由 Bosebush 算法产生的 OA(32,8,4,2)。比较图中曲线 (a)、(b) 和 (c) 可以看出，确定性解耦方法和随机动力学解耦都能够有效地提高量子仿真的保真度。在使用随机动力学解耦控制之后，保真度由高斯衰减变为指数衰减，这与随机动力学解耦法作用结果近似于将静态干扰转变为随机噪声干扰的分析是一致的。比较曲线 (c) 和 (d) 还可以看出，随着 Δt 的增大，在量子算法中插入动力学解耦算符的频率减小，保真度衰减呈加快趋势，但总体来说该方法仍然能够较大程度地提高量子仿真的

稳定性。

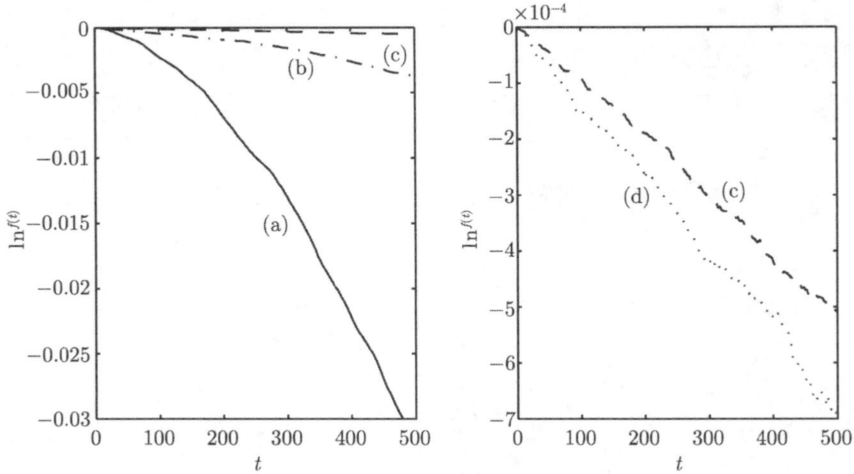

图 7.3　量子面包师映射仿真算法的量子态保真度随系统演化的衰减曲线

7.4　本章小结

本章以量子面包师映射的量子仿真算法为例，分析了随机动力学解耦法在量子仿真中抑制静态干扰的原理。量子算法的仿真结果表明随机动力学解耦法对静态干扰有很好的抑制作用。随机动力学解耦法在快速收敛性和鲁棒性等方面都具有优良的性能，它为容错量子计算提供了一条很好的途径。

参考文献

[1] 董道毅. 量子控制策略与学习控制算法研究. 合肥: 中国科学技术大学, 2006.

[2] Huang G M, Tarn T J, Clark J W. On the controllability of quantum-mechanical systems. J Math Phys, 1983, 24:2608–2618.

[3] 丛爽, 郑毅松, 姬北辰, 等. 量子系统控制发展综述. 量子电子学报, 2003, 20:1–9.

[4] Warren W S, Rabitz H, Dahleh M. Coherent control of quantum dynamics: the dream is alive. Science, 1993, 259:1581–1589.

[5] Peirce A P, Dahleh M, Rabitz H. Optimal control of quantum-mechanical systems: Existence, numerical approximation and applications. Phys Rev A, 1988, 37:4950–4964.

[6] Wiseman H M, Miburn G J. Quantum theory of optical feedback via homodyne detection. Phys Rev Lett, 1993, 70:548–551.

[7] Doherty A C, Jacobs K. Feedback control of quantum systems using continuous state estimation. Phys Rev A, 1999, 60:2700–2711.

[8] Doherty A C, Habib S, Jacobs K, et al. Quantum feedback control and classical control theory. Phys Rev A, 2000, 62:012105–012118.

[9] Lloyd S. Coherent quantum feedback. Phys Rev A, 2000, 62:022108–022120.

[10] 程代展. 量子控制 —— 一个全新的学科领域. 控制与决策, 2002, 17:513–516.

[11] Schirmer S G, Solomon A I, Leahy J V. Degrees of controllability for quantum systems and application to atomic systems. J Phys A: Math Gen, 2002, 35:4125–4141.

[12] 张靖, 李春文, 吴热冰. 开放环境下多比特量子计算机的相干控制模型. 自动化学报, 2005, 31:759–764.

[13] Grivopoulos S, Bamieh B. Lyapunov-based control of quantum systems. Proceedings of IEEE Conference on Decision and Control, Sydney, NSW, 2000.

[14] Yanagisawa M, Kimura H. Transfer function approach to quantum control. IEEE Transactions on Automatic Control, 2003, 48:2107–2132.

[15] Viola L, Knill E, Lloyd S. Dynamical decoupling of open quantum systems. Phys Rev Lett, 1999, 82:2417–2421.

[16] Viola L, Knill E. Random decoupling schemes for quantum dynamical control and error suppression. Phys Rev Lett, 2005, 94:060502–060505.

[17] Doherty A, Doyle J, Mabuchi H, et al. Robust control in the quantum domain. Proceedings of IEEE Conference on Decision and Control, Maui, Hawaii USA, 2003.

[18] Pravia M A, Boulant N, Emerson J, et al. Robust control of quantum information. J Chem Phys, 2003, 119:9993–10001.

[19] D'Helon C, James M R. Stability, gain, and robustness in quantum feedback networks. Phys Rev A, 2006, 73:053803–053816.

[20] Ticozzi F, Ferrante A, Pavon M. Robust steering of n-level quantum systems. IEEE Transactions on Automatic Control, 2004, 49:1742–1745.

[21] Andreas D V. Global stability criterion for a quantum feedback control process on a single qubit and exponential stability in case of perfect detection efficiency. Phys Rev A, 2007, 75:032101–032107.

[22] Nielsen M A, Chuang I L. 量子计算和量子信息（一）—— 量子计算部分. 赵千川译, 北京：清华大学出版社, 2003.

[23] Shor P W. Scheme for reducing decoherence in quantum computer memory. Phys Rev

A, 1995, 89:2493–2496.

[24] Duan L M, Guo G C. Reducing decoherence in quantum-computer memory with all quantum bits coupling to the same environment. Phys Rev A, 1998, 57(2):737–741.

[25] 张权, 张尔扬, 唐朝京. 基于无消相干子空间的量子避错码设计. 物理学报, 2002, 51(8):1675–1683.

[26] Viola L, Lloyd S. Dynamical suppression of decoherence in two-state quantum systems. Phys Rev A, 1998, 58:2733–2744.

[27] Santos L F, Viola L. Dynamical control of qubit coherence: random versus deterministic schemes. Phys Rev A, 2005, 72:062303–062322.

[28] Kern O, Alber G. Controlling quantum systems by embedded dynamical decoupling schemes. Phys Rev Lett, 2005, 95:250501–250504.

[29] Kern O, Alber G, Shepelyansky D L. Quantum error correction of coherent errors by randomization. The European Physical Journal D, 2005, 32:153–156.

[30] 刘晓曙. 量子退相干中的量子控制问题研究. 北京: 清华大学物理系, 2005.

[31] Zanardi P. Symmetrizing evolutions. Phys Lett A, 1999, 258:77–82.

[32] Ticozzi F, Ferrante A. Dynamical decoupling in quantum control: a system theoretic approach. Syst Control Lett, 2006, 55:578–584.

[33] 王亚. 固态量子计算中动力学解耦方法抑制退相干的实验研究. 合肥: 中国科学技术大学, 2012.

[34] Viola L, Knill E. Robust dynamical decoupling of quantum systems with bounded controls. Phys Rev Lett, 2003, 90:037901–037904.

[35] Khodjasteh K, Lidar D A. Fault-tolerant quantum dynamical decoupling. Phys Rev Lett, 2005, 95:180501–180504.

[36] Facchi P, Tasaki S, Pascazio S, et al. Control of decoherence: analysis and comparison of three different strategies. Phys Rev A, 2005, 71:022302–022323.

[37] Stollsteimer M, Mahler G. Suppression of arbitrary internal coupling in a quantum register. Phys Rev A, 2001, 64:052301.

[38] Santos L F, Viola L. Enhanced convergence and robust performance of randomized dynamical decoupling. Phys Rev Lett, 2006, 97:150501–150504.

附录　开放环境中 QKH 模型的量子仿真程序

以下给出开放环境中使用量子蒙特卡罗方法求解耗散 QKH 模型的量子保真度的源程序。QKH 模型的量子仿真算法参看第 3.2.2 节。开放环境中使用量子蒙特卡罗方法求解主方程的方法请参考第 5 章。该程序使用 C 语言编写，其中包含了量子傅里叶变换子程序。

```
#include <stdlib.h>
#include <stdio.h>
#include <math.h>
#include <time.h>
#include <complex>


using namespace std;
typedef complex<double> complexe;

double K,L,hbar;    // Harper 模型参数
int nq,nr; // nq:量子寄存器中量子比特数目(含1个辅助量子比特),nr=nq-1
long int N,Nr;  // Hilbert 空间维数
int steps;  // 短时间片算法中分解的门序列个数

int p_pair,q_pair;
long int p, p_imp, q, q_imp;
int res1,res2;
long int portes;

double gam; // 退相干速率
int dissipation_err;    // 标记耗散干扰是否存在
int Ntray=150;//量子轨迹的数目
int channel=4;//选择耗散干扰的噪声模型:幅值阻尼信道或相位阻尼信道等
int Iter=10;  //退相干步数


// 计算整数 “num” 的二进制表示中 “1” 的数目之和
int binsum(int num)
{ int sum,temp;
  sum=0;
  while (num != 0) {
    temp=num % 2;
    if (temp==1) {
```

```
      sum++;
    }
    num = num /2;
  }
  return sum;
}

complexe ampdamp2a(complexe *VE, int k)
{ int j2,b,i,j;
  complexe VEtemp,aux1;

  VEtemp=0.0;
  for(j2=0;j2<N/2;j2++) {
    j=j2/(1<<k)*(1<<(k+1))+(1<<k)+j2-j2/(1<<k)*(1<<k);
    i=j-(1<<k);
    if (i==0)
      VEtemp=VEtemp+conj(VE[j])*VE[j];
    else {
      if (channel==0) {
        b=binsum(j);

        aux1=conj(complexe(sqrt(1./float(b)),0.)*VE[j]);
        aux1=aux1*complexe(sqrt(1./float(b)),0.)*VE[j];
      }
      else {
        aux1=conj(VE[j])*VE[j];
      }
      VEtemp=VEtemp+aux1;
    }
  }
  return VEtemp;
}

// 幅值阻尼信道模型, 计算 L_mu |psi>
void ampdamp2b(complexe *VE, complexe *VE3, int k)
{ int j2,b,i,j;

  for(j2=0;j2<N;j2++) {
      VE3[j2]=0.0;
  }
  for(j2=0;j2<N/2;j2++) {
      j=j2/(1<<k)*(1<<(k+1))+(1<<k)+j2-j2/(1<<k)*(1<<k);
      i=j-(1<<k);
      if (i==0)
         VE3[i]=VE[j];
```

```
      else if (channel==0) {
         b=binsum(j);
         VE3[i]=complexe(sqrt(1./float(b)),0.)*VE[j];
      } else {
         VE3[i]=VE[j];
      }
   }
}


// 去极化信道模型, 计算 L_mu |psi>
void depolarizaion2b(complexe *VE, complexe *VE3, int k, int j)
{ int i,i2,j2;
  complexe aux1;

  // 比特翻转类型
  if (j==0) {
    for(i=0;i<N/2;i++) {
       i2=(i/(1<<k))*(1<<(k+1))+i-(i/(1<<k))*(1<<k);
       j2=i2+(1<<k);
       VE3[i2]=VE[j2];

        j2=i2;
        i2=i2+(1<<k);
        VE3[i2]=VE[j2];
    }
  }

  // 相位翻转类型
  if (j==2) {
    for(i=0;i<N/2;i++) {
       i2=(i/(1<<k))*(1<<(k+1))+i-(i/(1<<k))*(1<<k);
       VE3[i2]=VE[i2];

       i2=i2+(1<<k);
       VE3[i2]=-1.0*VE[i2];
    }
  }

  // 比特和相位同时翻转类型
  if (j==1) {
    for (i=0;i<N/2;i++) {
       i2=(i/(1<<k))*(1<<(k+1))+i-(i/(1<<k))*(1<<k);
       j2=i2+(1<<k);
       VE3[i2]=complexe(0.0,-1.0)*VE[j2];
```

```

        j2=i2;
        i2=i2+(1<<k);
        VE3[i2]=complexe(0.0,1.0)*VE[j2];
     }
   }
}


// 量子轨迹子函数
void distep(complexe *VE)
{ int i, j, jj, k, channelNr;
  int init;
  double normalisation, delta;
  double dp, dpm;
  double dpv[3*nq];
  complexe VEtemp, *VE3;
  int bsum;

  VE3=(complexe *)malloc(N*sizeof(complexe));
  if(VE3==NULL){fprintf(stderr,"Memoryallocationof VE3 failed.\n");
      exit(1);
    }

  if (channel <= 1)
     channelNr=nq;
  else {
     if (channel==5)
       channelNr=3*nq;
     else channelNr=nq;
  }

  for (jj=1;jj<=Iter;jj++) {
    if (channel<=1)  // 幅值阻尼信道
       for(k=0;k<nq;k++) {
         VEtemp=ampdamp2a(VE,k);
         dp=real(VEtemp)/(double)Iter;
         dpv[k+1]=gam*dp;
       }
    else {       // 去极化信道
       for(k=0;k<nq;k++) {
         if(channel==5)
           for(j=0;j<=2;j++) {
             dp=1.0/(double)Iter;
             dpv[1+k*3+j]=gam*dp;
```

```
          }
        else {
          j=channel-2;
          dp=1.0/(float)Iter;
          dpv[1+k]=gam*dp;
         }
     }
  }

  dp=0.0;
  for(k=1;k<=channelNr;k++) {
    dp=dp+dpv[k];
  }

  delta=(random()/(double)RAND_MAX); // 产生随机数delta

  if (delta<dp) {               // 量子跃迁
      j=1;
      dpm=dpv[j];
      while ((delta>dpm)&&(j<channelNr)) {
        j=j+1;
        dpm=dpm+dpv[j];
      }
      j=j-1;

      if (channel<=1)
        ampdamp2b(VE,VE3,j);
      else if (channel==5)
          depolarizaion2b(VE,VE3, (j-(j%3))/3, (j%3));
      else  depolarizaion2b(VE,VE3, j, channel-2);

      normalisation=0.0;
      for (i=0;i<N;i++) normalisation+=norm(VE3[i]);
      for (i=0;i<N;i++) VE[i]=VE3[i]/sqrt(normalisation);

  } else {                 // 在H_eff 下的演化
       for(i=0;i<N;i++) {
         VE3[i]=0.0;
       }
       if (channel<=1) {
         VE3[0]=VE[0];
         init=1;
       } else init=0;

       for(i=init;i<N;i++) {
```

```
            if (channel<=1) {
              if (channel==1) {
                bsum=binsum(i);
                VE3[i]=(1.0-(gam/2.0/(float)Iter*(float)bsum))*VE[i];
              }else VE3[i]=(1.0-(gam/2.0/(float)Iter))*VE[i];
            }elseVE3[i]=(1.0-(gam/2.0/(float)Iter*(float)channelNr))*VE[i];
          }

          normalisation=0.0;
          for (i=0;i<N;i++) normalisation+=norm(VE3[i]);
          for (i=0;i<N;i++) VE[i]=VE3[i]/sqrt(normalisation);
      }
   }
   if (VE3!=NULL) {free(VE3); VE3=NULL;}
}


// 对第 j 个量子比特进行 Hadamard 量子门变换
void Porte_Ai(complexe *n, int j)
{
   long int i,masque,complement;
   complexe temp0,temp1;
   complexe a11,a12,a21,a22;

   a11=1/sqrt(2.0);
   a12=a11;
   a21=a11;
   a22=-a11;

   masque=(long int)1 << j;
   for (i=0;i<N;i++)  {
       if (!(i & masque))   {
          complement=i+masque;
          temp0=n[i];
          temp1=n[complement];
          n[i]=a11*temp0+a12*temp1;
          n[complement]=a21*temp0+a22*temp1;
       }
   }

   if (dissipation_err==1) distep(n);  // 处理耗散干扰
   portes++;
}
```

```
// 量子傅里叶变换中的受控相位门
void Porte_Bjk(complexe *n, int j, int k, int signe)
{
  long int i,masquej,masquek;
  complexe phase;

  masquej=(long int)1 << j;
  masquek=(long int)1 << k;

  phase=polar(1.0,signe*M_PI/((long int)1 << (k-j)));
  for (i=0;i<N;i++)
    if ((i & masquej) && (i & masquek))
    n[i]*=phase;
  if (dissipation_err==1)
    distep(n);
  portes++;
}


// 相移角为 theta 的受控相位门
void Control_Phase(complexe *n, int j, int k, double theta)
{
  long int i,masquej,masquek;
  complexe phase;

  masquej=(long int)1 << j;
  masquek=(long int)1 << k;
  phase=polar(1.0,theta);
  for (i=0;i<N;i++)
    if ((i & masquej) && (i & masquek))
        n[i]*=phase;
  if (dissipation_err==1)
    distep(n);
  portes++;
}


// 交换量子比特 j 和 k
void Porte_Echange(complexe *n, int j, int k)
{
  long int i,masquej,masquek,complement;
  complexe temp;

  masquej=(long int)1 << j;
  masquek=(long int)1 << k;
```

```

  for (i=0;i<N;i++)
    if ((!(i & masquej)) && (i & masquek))  {
        complement=i-masquek+masquej;
        temp=n[i];
        n[i]=n[complement];
        n[complement]=temp;
    }
}


// 量子傅里叶变换, signe 取 -1 表示量子傅里叶逆变换
void QFT(complexe *n, int signe)
{
  int l,m;
  for (l=nr-1;l>=0;l--)  {
      for (m=nr-1;m>l;m--) Porte_Bjk(n, l, m, signe);
      Porte_Ai(n, l);
    }
  for (l=0;l<(nr/2);l++) Porte_Echange(n, l, nr-1-l);
}


// 短时间片逼近算法中的相位旋转门
void Rotation_z(complexe *n, int j, double coef)
{
  long int i,masquej;
  complexe phase;

  masquej=(long int)1 << j;
  phase=polar(1.0,coef/2.0);
  for (i=0;i<N;i++)  {
      if (i & masquej) n[i]/=phase;
      else n[i]*=phase;
    }

  if (dissipation_err==1) distep(n);
  portes++;
}


// 短时间片逼近算法中的受控 U 门
void Control_U(complexe *n, int j, int debut, long int pp)
{
  int k;
```

```
  for (k=0;k<=debut;k++)
      Control_Phase(n, j, debut-k, pp*M_PI/pow(2.0,(double)k));
}


// 短时间片逼近算法实现的周期驱动算符
void Kick(complexe *n, double coef, long int pp, int a)
{
  double alpha;
  int i;
  int control_qubit,debut;

  alpha=-coef/steps;
  control_qubit=nr;
  debut=nr-1-a;

  Porte_Ai(n,control_qubit);
  Control_U(n,control_qubit,debut,-pp);
  Porte_Ai(n,control_qubit);

  for (i=0;i<(steps-1);i++) {
    Rotation_z(n,control_qubit,alpha/2.0);
    Porte_Ai(n,control_qubit);
    Control_U(n,control_qubit,debut,2*pp);
    Porte_Ai(n,control_qubit);
    Rotation_z(n,control_qubit,alpha);
    Porte_Ai(n,control_qubit);
    Control_U(n,control_qubit,debut,-2*pp);
    Porte_Ai(n,control_qubit);
    Rotation_z(n,control_qubit,alpha/2.0);
  }

  Porte_Ai(n,control_qubit);
  Control_U(n,control_qubit,debut,pp);
  Porte_Ai(n,control_qubit);
}


// 周期驱动的 Harper 模型演化
void Evolution(complexe *n)
{
  QFT(n,1);   // 量子傅里叶变换
  Kick(n,K/hbar,q_imp,q_pair);  // 算符 U_theta 下演化
  QFT(n,-1);  // 量子傅里叶逆变换
  Kick(n,L/hbar,p_imp,p_pair);  // 算符 U_p 下演化
```

```
}


// 将量子态 nh 置为中心在 (p0,q0) 的高斯波包
void gauss_add(complexe *nh,double p0,double q0,double sigma2)
{
    int p;
    double angle,fak,norm,xx,NN,N2;
    complexe val;

    norm=1.0/sqrt(sqrt(2.0*M_PI*sigma2));
    NN=(double)Nr;
    N2=NN/2.0;
    for(p=0;p<Nr;p++){
        xx=(double)p-p0;
        if(xx>N2) xx-=NN;
        if(xx<-N2) xx+=NN;
        xx=xx*xx/4.0/sigma2;
        fak=exp(-xx)*norm;
        angle=-q0*(double)p;
        val=polar(fak,angle);
        nh[p]=nh[p]+val;
    }
}

// 计算保真度
double fidelity(complexe *n_clean, complexe *n)
{
    complexe sum;
    int i;

    sum=0.0;
    for(i=0;i<Nr;i++){
        sum+=conj(n_clean[i])*n[i];
    }
    return pow(abs(sum),2);
}


int main(int argc,char **argv)
{
  complexe *n, *nh, *n_clean;
  long int i, j, iterations;
  int o;
  double itoq, itop;
```

```
double normalisation;
double *fid;  // 保真度

/* 输入 5 个参数: Harper 模型中参数 K 和 L, 退相干速率,
   仿真模型中实际量子比特数目, 以及 Harper 模型迭代次数  */
if(argc<6)
      {puts("syntax: K L dissipation_rate nr iterations");exit(1);}
if(sscanf(argv[1],"%lf",&K)==0)
      {puts("syntax: K L dissipation_rate nr iterations");exit(1);}
if(sscanf(argv[2],"%lf",&L)==0)
      {puts("syntax: K L dissipation_rate nr iterations");exit(1);}
if(sscanf(argv[3],"%lf",&gam)==0)
      {puts("syntax: K L dissipation_rate nr iterations");exit(1);}
if(sscanf(argv[4],"%d",&nr)==0)
      {puts("syntax: K L dissipation_rate nr iterations");exit(1);}
if(sscanf(argv[5],"%ld",&iterations)==0)
      {puts("syntax: K L dissipation_rate nr iterations");exit(1);}

srandom((unsigned int)time(NULL));
Nr=1 << nr;
nq=nr+1;
N=1 << nq;
q=1; // 相空间中位置坐标上相格的数目
p=1;// 相空间中动量坐标上相格的数目
hbar=2.0*M_PI/(6.0+(sqrt(5.0)+1.0)/2.0);
//hbar=2.0*M_PI*p*q/((double)Nr);

// 每个周期驱动算符中短时间片的数目
steps=100;

itoq=2.0*M_PI*q/((double)Nr);
itop=2.0*M_PI*p/((double)Nr);
p_pair=0;
p_imp=p;
while (!(p_imp & 1)) {
    p_imp>>=1;
    p_pair++;
}
q_pair=0;
q_imp=q;
while (!(q_imp & 1)) {
    q_imp>>=1;
    q_pair++;
}
```

```
// 受扰量子态内存分配
n=(complexe *)malloc(N*sizeof(complexe));
if (n==NULL) {
    fprintf(stderr,"Memory allocation of n failed.\n");
    exit(1);
}

// 自由演化的量子态内存分配
n_clean=(complexe *)malloc(N*sizeof(complexe));
if (n_clean==NULL) {
    fprintf(stderr,"Memory allocation of n_clean failed.\n");
    exit(1);
}

nh=(complexe *)malloc(Nr*sizeof(complexe));
if (nh==NULL) {
    fprintf(stderr,"Memory allocation of nh failed.\n");
    exit(1);
}

fid=(double *)malloc(iterations*sizeof(double));
if (fid==NULL) {
    fprintf(stderr,"Memory allocation of fid failed.\n");
    exit(1);
}

for(i=0;i<iterations;i++) {
    fid[i]=0.0;
}

// 量子态初始化为一高斯波包
gauss_add(nh, Nr/2, Nr/2, sqrt(hbar/2.0));

// 量子轨迹循环
for(o=1;o<=Ntray;o++) {
   for (i=0;i<Nr;i++) n[i]=nh[i];
   for (i=Nr;i<N;i++) n[i]=0.0;
   for (i=0;i<N;i++) n_clean[i]=n[i];

   // Harper 模型的演化, 共 iterations 次
   for (j=0;j<iterations;j++) {
      fid[j]=fid[j]+fidelity(n_clean,n);

      // 受退相干影响的量子态演化
      dissipation_err=1;
```

```
        Evolution(n);
        normalisation=0.0;  // 归一化
        for (i=0;i<Nr;i++)
            normalisation+=norm(n[i]);
        for (i=0;i<Nr;i++)
            n[i]=n[i]/sqrt(normalisation);

        // 无退相干影响的量子态演化
        dissipation_err=0;
        Evolution(n_clean);
        normalisation=0.0;
        for (i=0;i<Nr;i++)
            normalisation+=norm(n_clean[i]);
        for (i=0;i<Nr;i++)
            n_clean[i]=n_clean[i]/sqrt(normalisation);
    }
  }

  for(i=0;i<iterations;i++) {
    fid[i]=fid[i]/(double)Ntray;
    printf("%f\n",fid[i]);
  }

  if (n!=NULL) {free(n); n=NULL;}
  if (n_clean!=NULL) {free(n_clean); n_clean=NULL;}
  if (nh!=NULL) {free(nh); nh=NULL;}
  if (fid!=NULL) {free(fid); fid=NULL;}

  return 0;
}
```

索 引

其他